装配式建筑系列工程案例丛书

装配式木结构技术体系和工程案例汇编

文林峰　主编

住房和城乡建设部科技与产业化发展中心
（住房和城乡建设部住宅产业化促进中心）　编著

中国建筑工业出版社

图书在版编目（CIP）数据

装配式木结构技术体系和工程案例汇编/文林峰主编；住房和
城乡建设部科技与产业化发展中心（住房和城乡建设部住宅产业
化促进中心）编著. —北京：中国建筑工业出版社，2019.9
（装配式建筑系列工程案例丛书）
ISBN 978-7-112-23960-3

Ⅰ.①装… Ⅱ.①文… ②住… Ⅲ.①木结构-建筑工程-案例-
汇编 Ⅳ.①TU759.1

中国版本图书馆CIP数据核字（2019）第137911号

本书在系统梳理装配式木结构建筑技术体系和关键技术的基础上，分类选择
了国内外12个具有代表性的工程案例。这些案例从装配式建筑的设计、构件加
工、安装施工、信息化技术应用、效益分析等方面，系统介绍了工程项目的特点
和优势。本书最大亮点是邀请了业内专家不仅系统总结了装配式木结构建筑技术
要点，还对入选的案例逐个进行专业点评，提出可资借鉴的经验和适用范围，指
出需要进一步完善的主要问题，对于从业者更好地借鉴各个工程案例具有重要的
参考价值，为装配式木结构建筑健康发展提供了系统全面的技术指导。

责任编辑：周方圆　封　毅
责任校对：王　烨

装配式建筑系列工程案例丛书
装配式木结构技术体系和工程案例汇编
文林峰　主编
住房和城乡建设部科技与产业化发展中心
（住房和城乡建设部住宅产业化促进中心）　编著

*

中国建筑工业出版社出版、发行（北京海淀三里河路9号）
各地新华书店、建筑书店经销
霸州市顺浩图文科技发展有限公司制版
北京缤索印刷有限公司印刷

*

开本：787×1092毫米　1/16　印张：14¾　字数：360千字
2019年9月第一版　2019年9月第一次印刷
定价：**150.00**元
ISBN 978-7-112-23960-3
（34267）

编 委 会

编　　　著：住房和城乡建设部科技与产业化发展中心

（住房和城乡建设部住宅产业化促进中心）

主　　　编：文林峰

副　主　编：武　振　王晓冉　高　颖　何敏娟　张海燕

主要编写人员：（按姓氏字母排序）

白伟东　曹　晨　陈志坚　程小武　杜阳阳

冯仕章　郭苏夷　韩　叙　李嘉康　倪　竣

潘艳茹　孙永良　孙全一　陶　亮　王楠迪

杨学兵　袁冬艳　张绍明

点 评 专 家：（按姓氏字母排序）

高　颖　何敏娟　刘伟庆　刘　杰　陆伟东

任海青　孙永良　徐洪澎　杨会峰　颜　锋

张海燕　祝　磊

前　言

　　促进人与自然和谐共生，推动绿色生态发展已成为全社会的共识。党的十九大报告明确指出，我们要建设的现代化是人与自然和谐共生的现代化。发展装配式建筑，特别是现代木结构建筑符合我国绿色生态发展的总体方向，是建设领域践行绿色发展理念的重要举措，是推动行业转型升级的重要载体，有利于节约资源能源，减少环境污染，全面提升建筑质量、品质和舒适性。

　　国务院办公厅《关于大力发展装配式建筑的指导意见》明确提出，要因地制宜发展装配式混凝土结构、钢结构和现代木结构等装配式建筑。国家发展和改革委员会、住房和城乡建设部在联合发布的《城市适应气候变化行动方案》中明确要求，"在地震多发地区积极发展钢结构和木结构建筑""政府投资的学校、幼托、敬老院、园林景观等新建低层公共建筑采用木结构"等。相关省市也陆续出台了促进装配式木结构建筑发展的政策文件，明确了保障措施。这一系列政策措施的出台，为发展装配式木结构建筑营造了良好的政策环境，装配式木结构建筑迎来新一轮发展机遇。

　　近几年来，各地积极探索现代木结构技术体系，建设了各种类型的工程项目，但在实践过程中，还存在标准规范把握不够准确，技术和工艺缺乏系统和完整性，特别是缺乏一些优秀的工程案例作为参考。有鉴于此，住房和城乡建设部科技与产业化发展中心（住房和城乡建设部住宅产业化促进中心）结合之前出版的《装配式混凝土结构技术体系和工程案例汇编》的经验，在总结木结构建筑技术体系相关研究成果的基础上，再次组织行业权威专家和龙头企业编写了这本《装配式木结构技术体系和工程案例汇编》。

　　本书在系统梳理装配式木结构建筑技术体系和关键技术的基础上，分类选择了国内外12个具有代表性的工程案例。这些案例从装配式建筑的设计、构件加工、安装施工、信息化技术应用、效益分析等方面，系统介绍了工程项目的特点和优势。本书最大亮点是邀请了业内专家不仅系统总结了装配式木结构建筑技术要点，还对入选的案例逐个进行专业点评，提出可资借鉴的经验和适用范围，指出需要进一步完善的主要问题，对于从业者更好地借鉴各个工程案例具有重要的参考价值，为装配式木结构建筑健康发展提供了系统全面的技术指导。

　　但由于时间紧迫，难免存在疏漏之处，欢迎大家提出宝贵的意见和建议，以便在今后的系列案例汇编工作中不断补充完善。最后，向参加本书撰写及对本书出版作出贡献的各级建设主管部门领导、专家学者、企业家、专业技术人员表示诚挚感谢，也衷心希望本书的出版能够为装配式木结构建筑的发展作出应有的贡献。

编委会

2019 年 5 月

目　　录

第1章 装配式木结构建筑发展概述

《装配式木结构建筑技术标准》GB/T 51233—2016 指出"装配式木结构建筑是指建筑的结构系统由木结构承重构件组成的装配式建筑",即装配式木结构建筑的承重构件采用工厂预制的木结构组件和部品,并在现场组装而成。因此,从生产和建造方式而言,装配式木结构建筑是现代木结构建筑的重要表现形式。从适用范围看,装配式木结构建筑适用于低多层居住建筑、公共建筑及部分工业建筑,并可推广到高层居住建筑和公共建筑。

1 装配式木结构建筑的特点

装配式木结构建筑的承重构件主要采用木材及木制品制作,具有节能低碳环保、舒适健康宜居、抗震性好、加工精度高和建造周期短等特点。

1)节能低碳环保

装配式木结构建筑全寿命周期能耗低。主要表现在:①木材在生长阶段是吸收二氧化碳(CO_2)和释放氧气(O_2)的过程,当被用来建造房屋后,这些 CO_2 被永久地固定在木材里,木结构建筑具有良好的固碳能力;②构件加工阶段,能耗主要来自于木材的采伐、运输、切割、烘干和包装等工序,相比混凝土和钢材,生产能耗可大幅降低;③施工阶段基本不需要大、重型器械设备,能耗也较低;④在运营阶段,由于木材隔热性能好、热阻值高,相同厚度的木结构墙体的保温性能可以达到混凝土墙体的 7 倍以上;⑤在拆除阶段,其90%的建筑材料可以用作其他建筑材料或者燃料而被循环再利用,对环境产生的负担小。

2)舒适健康宜居

现有的一系列实验研究成果表明,在各项室内环境质量因素中,热环境、空气品质和噪声是影响人们工作效率和健康舒适的重要因素。木材是绿色安全的天然环保材料,其蓄热系数和热阻均较高,具有天然的"冬暖夏凉"特征。木材对于室内湿度具有良好的调节作用,其吸湿和解吸作用可以有效提高微气候舒适度。木结构建筑具有低碳节能、保温隔热和隔绝噪声等特点,无论是精神层面还是生理层面,木质环境均能使人感到自然舒适。木材触感温暖、纹理美观,其视觉感知亦可对人体的生理、心理变化起到积极的作用。

3)抗震性好

木构件具有强重比高、柔韧性好的特点。在建筑面积相同时,木结构建筑的自重远小于混凝土建筑,如轻型木结构仅约为混凝土建筑的1/5。因此,在地震中木结构建筑所受的地震作用较小,结构所受到的地震破坏程度较轻。

木结构体系具有良好的耗能性能。木结构构件大都采用钉和螺栓连接,是多次超静定结构,结构安全冗余度高,抗震性能好。并且木材和金属连接件形成的节点具有较好的变形能力,通过自身变形使地震作用被有效消耗,从而确保建筑结构整体的安全性。

4)加工精度高、建造周期短

装配式木结构建筑在工厂里预制生产大量构件、组件和部品，生产精度更高，生产效率也远高于手工作业，且不受恶劣天气等自然环境的影响，工期更为可控；同时，木构件加工完成后，运输到施工现场进行组合、连接和安装，施工装配机械化程度高，质量可控，安装方便，成本较低。

2　发展装配式木结构建筑的意义

装配式木结构建筑在节能环保、绿色低碳、防震减灾、工厂化预制、施工效率等方面具有重要优势。大力发展装配式木结构建筑符合我国生态文明建设的总体方向，是实现建筑结构多元化发展，推动行业转型升级，实现创新、协调、绿色、开放、共享发展的重要战略举措。

1）有利于推动住房城乡建设领域的绿色发展

当前，我国建筑业粗放的发展方式并未根本改变，表现为资源能源消耗高，建筑垃圾排放量大，扬尘和噪声环境污染严重等。木结构建筑项目建设经验表明，装配式木结构建筑可实现材料的循环再利用，减少建筑垃圾排放，降低噪声和扬尘污染，保护周边环境，降低建筑能耗，推进住房城乡建设领域绿色发展。

2）有利于实现建材资源的可持续发展

我国是世界水泥大国，水泥产量占全球水泥的产量60％以上，水泥的生产消耗了大量的石灰石等自然资源，已一定程度上威胁到了我国建材资源的稳定性和可持续性。木材作为一种可再生的建筑材料，是对传统建材资源的有力补充和替代，发展装配式木结构建筑有利于降低对石灰石资源的消耗，实现建材资源的可持续发展。

3）有利于改善人居环境，实现建筑多元化发展

木材自古就是我国重要建筑材料，木结构建筑至今仍是许多发达国家住宅建筑的主要形式。装配式木结构建筑具有保温、调湿等良好的建筑物理特性，有利于提升居住的舒适性，改善人居环境。在旅游风景区、农村及城镇等地区，在低层、多高层及大跨度建筑领域，发展装配式木结构建筑及其与混凝土、钢结构的混合结构建筑形式，有利于在目前大量的钢筋混凝土建筑中，建立木结构建筑的"绿洲"，促进建筑形式的多元化发展。

4）有利于推动木结构技术进步和建筑品质提升

传统木结构建筑在我国存在上千年，加工生产方式以手工为主，效率低、精度难以控制、受人为影响因素大。与传统的生产和建造方式相比，装配式木结构建筑更多采用工程木质材料，尺寸稳定性更好，可设计性更高；工厂预制构件、组件运输到施工现场进行组合拼装，生产效率远高于手工作业，且不受恶劣天气等自然环境的影响；施工装配机械化程度高，提高了劳动生产效率和安装精度，减少现场用工数量，有效推动了木结构的技术进步，促进了建筑品质提升。

3　装配式木结构发展存在的问题

1）对木结构的认识存在误区

我国自20世纪70年代开始禁止使用木材，民用建筑中大量采用砖混或钢筋混凝土

建筑，导致木结构建筑技术发展相对停滞，人们对木结构建筑逐渐缺乏了解。目前普遍认为木结构建筑造价高、不牢固、易发生火灾、易受虫害侵蚀、易腐朽发霉，在一定程度上较难接受装配式木结构建筑。我们要转变思想观念问题，不仅应在木结构建筑成本控制、安全保证、保护措施和使用功能等方面采取适当的技术措施，而且可通过样板房展示、专业知识宣传，特别是借助中华木结构古建筑及文化的影响，来消除人们对木结构的思想顾虑。

木结构建筑会大量使用木材。我国森林资源十分短缺，同时国家大力实施保护森林的禁伐政策。目前，我国木结构建筑采用的木材主要源于国外进口，实际上国际进口木材资源比较丰富，从全球范围来看，可以基本保障我国木结构建筑的使用。此外，我国仅对天然林实施保护，对人工速生林是鼓励使用的，可通过开发利用我国的结构用人工林树种资源以及普及提高我国人工林木材加工技术等方法，提高人工林木材在工程木制品中的应用水平和范围。

2）木结构建筑产业动力不足

国家宏观政策一度倡导"以钢代木、以塑代木"，木材在建筑中的应用多年来处于被限制的境地，造成近几十年来的国家城镇化、工业化的过程中，建筑业大多数采用混凝土结构，仅在少量的古建筑修缮工程和个别地区的乡村民居中采用木结构建筑，关注或从事木结构建筑技术研究推广的人员不多。同时，木结构建筑主要用于以别墅为主的住宅建筑，在国家严格限制建造独立别墅、严格控制高档商品房用地、停止报批别墅用地的情况下，极大地限制了木结构住宅建筑的发展。

各地虽然已经有了一批装配式木结构建筑构件、零部件及木结构建筑的加工、生产和施工企业，但多数规模较小，大型木构件的生产、成型技术水平有待提升。木结构产业链不完整，施工工具、材料、辅配件、设计软件等不完备。要大规模发展装配式木结构建筑，必须有效整合各类产业资源和相关社会资源，建设具有带头、示范作用的骨干企业基地。

3）相关的标准规范有待完善

与欧美等木结构建筑技术发展比较成熟的国家相比，我国装配式木结构建筑相关标准、规范落后于木结构建筑技术发展的实际需要。国外实践证明，装配式的现代木结构技术生产的承重构件可以建成多、高层及大跨度建筑，包括学校、体育场馆、展览馆等大跨度、大空间的商业建筑和公共建筑。而我国目前标准规范对装配式木结构建筑限制条件还比较多，限定了装配式木结构建筑的建设规模和适用范围，木结构部品、部件标准化程度还较低。

4）相关专业技术人才匮乏

我国装配式木结构建筑专业技术人员还比较缺乏，设计、生产及施工能力均有待提高，部分设计方案还完全照搬欧美等国家和地区，预制加工精度较低，现场施工管理水平有待提升。装配式木结构建筑的发展还有待专业技术人员全面、系统、深入地开展针对木材材性、结构安全、防火安全、热工性能、耐久性能等方面的研究工作。

长期以来，由于木结构建筑在我国整个建筑领域中所占比重较低，国内大专院校基本停开木结构课程，科研设计部门中原有的木结构专业科技人员多数也转换到其他专业，人才瓶颈已严重制约木结构建筑的发展。加快对木结构建筑设计、产品研发、施工等专业人才的培养，已成为推动装配式木结构建筑发展的当务之急。

5）政策制度及管理体系不完善

国家层面相关建设管理政策亟待同步发展，木结构建筑工程在报批、施工图审查、施工监理、质量控制、竣工验收等环节的政策障碍亟待清除，行业监管政策措施还有待加强，木结构建筑质量良莠不齐。比如，现行的木结构设计、施工、质量验收等方面规范标准中对木结构的高度、面积、使用功能限制过严；对材料性能、连接方式、节点构造等方面的规定还不够完善具体；给实际工程实施带来不少障碍。

4 装配式木结构建筑重点应用领域

装配式木结构建筑是装配式建筑的重要组成部分。随着我国各地政府发展装配式建筑的政策逐步完善，相关骨干企业发展装配式建筑的积极性越来越高，装配式木结构建筑在今后必将得到长足的发展和广泛的应用。但目前，我国装配式木结构建筑仍处于发展初期，对于未来装配式木结构建筑应用范围，有以下几个方向值得关注：

1）将成为节能、绿色建筑的重要组成部分

由于木材本身具有的绿色、可再生、节能环保的优良特性，因此，随着相关政策的落实，木结构将在我国绿色建筑、节能建筑中占有相当重要的地位，是我国未来建筑发展类型之一。

2）将在文教建筑中得到大量应用

木结构建筑适合幼儿园、中小学等学校建筑的建设，随着人们对教育的重视和政府对全民教育投入的增加，木结构建筑将在我国文教建筑中占有相当重要的地位，是我国未来木结构建筑发展的重要领域之一。

3）将在休闲度假建筑中得到大量的应用

随着人们对建筑认识程度的加深，要求展示建筑自身特点的意愿越来越高，木质材料易设计、易加工，木结构能较好地体现建筑个性化，对环境影响程度较小。同时随着人们对生活质量要求越来越高，对休闲度假建筑的需求越来越强。因此，木结构建筑将在各种休闲娱乐建筑、旅游度假建筑和小型办公楼等建筑中得到应用。

4）将在传统文化、宗教文化建筑中得到一定的应用

历史上，我国宫殿、寺庙多使用木结构建筑形式，随着人们继承和发扬传统文化的认识不断提高，体现对宗教文化的尊重，木结构将在这类建筑中得到适当的应用，将是我国木结构建筑未来发展中不可缺少的一个方面。

5）将在大跨度、大空间的建筑中得到适当的应用

木材具有强重比高、易加工的特点，木结构建筑的形式也丰富多样，非常适合在大跨度、大空间建筑中的推广应用，将成为该类型建筑的主要应用方向之一。

5 发展装配式木结构建筑的措施和建议

1）合理开发和加强资源培育

制定法律法规，建立如伐一棵种两棵的森林管理制度，尊重林业发展客观规律，形成

越伐越有的良性循环体系。以优化和发掘国内结构材人工林种类为重点，大力推动结构材人工林建设，以引进和推广先进适用的林业新技术、新成果为支撑，根据立地条件积极推进良种繁育体系建设，提供更为丰富优质的装配式木结构建材资源。作为木材的重要补充，积极开发竹材、秸秆等生物质建材资源，拓宽结构用建材的资源领域，走以生态建设为目标的装配式木结构建筑可持续发展道路。

2）夯实发展产业基础

扶持培育一批具有核心技术、创新能力强、具有国际竞争力的骨干企业，完善以企业为主体、市场为导向、政产学研用相结合的装配式木结构建筑产业发展模式，带动木结构建筑在行业和区域内发展。加强木材贸易、加工、构配件生产、机械装备制造等产业化配套生产企业的集群化建设。完善规划设计、材料研发、工程设计、施工维护、技术咨询、检验检测等配套企业的产业链条，建设科学合理的产业园区，提升产业化发展水平。建立大、中、小企业协同创新的良好发展态势，提高木结构建筑适应建筑产业转型升级和整体生态文明建设的能力。建立从高校学科建设、企业实践教学、社会力量培训、国际教育资源整合到行业资格评定的人才培养体系。积极建立产业工人培养平台和专业人才的继续教育机制。

引导企业通过开展战略联盟、战略合作、校企合作、技术转让、技术参股等方式，加大技术研发投入，加快技术改造，形成专利、专有技术、标准规范、工法的技术储备，在工程建设中积极应用先进技术，提高工程科技含量，推进装配式木结构企业的技术创新。加强从基础研究到关键技术研发、集成应用的创新链一体化设计。

3）完善标准规范

开展装配式木结构建筑关键技术研究，对现有规范标准进行梳理、修订，为新编和修订与木结构相关的规范标准提供依据，扩大木结构建筑技术的应用范围和规模，逐步建立和完善装配式木结构建筑技术标准规范体系。借鉴国际上木结构用于多、高层建筑的实践经验，对木结构防火性能进行深入研究，就如何突破目前对木结构建筑的层数、面积、使用功能限制问题，与相关部门沟通，有计划地开展相关标准规范制订和修订工作。

完善木结构建筑和木材产品标准，扩大木结构应用范围，特别是多、高层和大跨度木结构以及新型高强复合木材的应用。在通用工程建设标准中涉及材料、结构、节能、隔声、绿色建筑、工业化等要求时补充木材和木结构的相关规定，协调木结构建筑相关标准和通用工程建设标准的关系。逐步建立与国际接轨的木材产品认证评估制度，对尚无国家标准的新型木材产品进行评估，保证木结构建筑和木材产品质量，加快木结构新技术、新产品的集成应用和更新换代。

4）加强专业技术人员能力建设

政府和企业要加大对木结构专业人才队伍建设的资金投入，设立专项基金支持人才培养。引进优秀人才及高端团队，打造具有国际知名度的木结构建筑设计师、结构设计师以及知名企业。加强装配式木结构建筑设计、构件生产、施工、监理等一线技术人员综合技能培训。建立从学校学科建设、企业实践学习到行业资格评定的一整套完善的人才培养平台。高等院校和高等技术培训学校合作，开设装配式木结构建筑有关专业课程、选修课程或讲座；鼓励企业建立技术中心，培养有生产实践经验的技术领军人才及工程技术骨干；建立校企联合培养人才的新机制，优化专业知识结构，培养创新型、技能型、应用型和复合型人才。充分利用国际教育资源，加大对国内专业人员的培训力度。建立产业工人培养平台，借助学校资源及国际教育资源，对产业工人进行职业再教育。

5）加强政策支持，完善管理机制

建立专门针对木结构建筑的激励鼓励机制，将木结构建筑纳入国家绿色建筑发展战略，确定相应的财政补贴、贷款贴息等政策。通过税收优惠，鼓励民间资本流向装配式木结构建筑产业。制定适合农村和特色旅游景区发展的木结构建筑建设管理制度。推动政策性银行提供延长贷款期限等符合木结构发展特点的金融服务。

鼓励企业加大对木结构建筑科研资金投入，推动科技创新。积极探索和发现阻碍当前木结构产业发展的瓶颈，扶持和引导市场主体开发、建设和消费装配式木结构建筑产品，使木结构建筑所具有的低碳、节能、环保等属性转化为实际的社会效益、环境效益，更多地惠及民生。

建立有利于提高木结构建筑相关企业基础部品、基础工艺、基础材料和基础技术能力的管理制度，完善木结构建筑工程造价管理制度，建立木结构建筑施工定额体系，制定针对木结构建筑施工的定额和工程量清单计价规范，建立木结构建筑统计制度，建立木结构建筑维修维护体系。

6）推进试点示范工程建设

结合装配式木结构建筑技术发展，借鉴发达国家经验，在政府投资的学校、体育场馆、幼托、敬老院、园林景观等新建低层公共建筑中采用木结构；在公共服务设施、公共建筑、城镇居住建筑、新农村建设等领域进行木结构建筑试点示范；在经济发达地区农村自建住宅、新农村居民点建设中推进木结构农房建设。同时，鼓励大跨度工业建筑进行工业建筑示范，积极推广应用木—钢、木—混凝土等混合结构建筑的应用。

大力推进装配式木结构居住建筑在中小城市和小城镇的示范应用。划定木结构居住建筑适宜区域，制定木结构居住建筑计划，鼓励房地产开发建设企业建设木结构居住建筑。在地震区、地质灾害多发频发地区、木结构建筑为传统民居的地区以及经济发达地区的农村，结合传统村落保护、优秀田园建筑、美丽乡村建设、绿色农房建设、新农村居民点建设，开展农村自建建筑的木结构农房示范建设。

推进装配式木结构建筑与乡村旅游、休闲度假、养生养老产业发展的结合。在妥善保护自然生态和历史文化遗存的前提下，开展一批具有地方特色的木结构旅游建筑示范项目。打造一批整体以木结构为主要建筑形式的乡村旅游示范村。依托我国古建筑中木结构的文化元素，加强木结构建筑在古建筑和仿古建筑上的应用，积极开展木结构建筑在文化街区、文化创意园区、文化综合体中的示范应用，突出传统木结构建筑内涵与现代文化的有机结合，建设认证一批木结构文化建筑。

6 多高层装配式木结构建筑探索实践与技术积累

目前，国内正在关注多高层装配式木结构建筑的探索和发展，通过相关政策的制定及落实，相关标准规范的不断颁布，市场运行机制的不断完善，未来国内多高层装配式木结构建筑将有广阔的发展空间。

1）探索和实践

我国古代先哲将凭高远眺作为特有的审美趣好，通过在高台建筑上进行瞭望、检阅、宴客、礼佛等活动，体现了古人对自然以及神佛的向往与崇拜，也正因此，应县木塔等古代高层木结构高台建筑应运而生。但后期高台建筑逐渐走向衰落，近现代多高层木结构建筑也是屈指可数。

欧洲、北美、澳大利亚等地区一直将木结构建筑作为低碳、环保、可持续的新型建筑结构与材料体系进行推广应用，在多高层装配式木结构建筑的研究方面处于世界前列。欧洲率先在多高层木结构建筑设计和建造方面取得突破，建成并投入使用的世界上最高的纯木结构建筑为挪威的 Mjφstårnet，共 18 层，高 85m，采用胶合木结构。加拿大温哥华不列颠哥伦比亚大学于 2017 年建成了 18 层学生公寓 Brock Commons，高 53m，采用木混合结构；澳大利亚墨尔本于 2012 年建成了 10 层 Forte 公寓，高 32m，底层为钢筋混凝土结构，上面 9 层为正交胶合木（CLT）结构。

借鉴欧美经验，日本也在不断加紧研究，目前已研发出应用日本国产材料制造的 CLT 等多种适用于多高层木结构建筑的材料及体系。随着多高层木结构建筑数量的不断增多，技术水平也在不断提高。这些建成的多高层建筑极大地促进了木结构建筑的发展和进步。国外已建成的高层木结构建筑如表 1.1 所示。

国外已建成的高层木结构建筑　　表 1.1

项目名称	地点	层数/高度	建筑功能
Treet	挪威卑尔根	14 层/51m	居住
Mjφstårnet	挪威布鲁蒙达尔	18 层/85m	公寓、酒店、办公
Stadthaus	英国伦敦	9 层	居住
Brock Commons	加拿大温哥华	18 层/53m	公寓
Forte	澳大利亚墨尔本	10 层/32.2m	居住
Holz8	德国巴德艾比林	8 层/21m	居住、办公
Lifecycle Tower One	奥地利多恩比恩	8 层/27m	办公
Cenni Di Cambiamento	意大利米兰	9 层	居住、商用
Bridport House	英国伦敦	8 层	办公
Limnologen	瑞典韦克舍	8 层	居住

2）技术积累

国内在多高层木结构建筑方面的应用还较少。2012 年竣工的天津泰达悦海酒店式公寓是我国首栋全木四层装配式木结构建筑，该项目包括两栋木结构建筑，每栋建筑面积为 2350 m²，高度为 16.8m。2018 年建成的江苏省第十届园艺博览会主展馆，高 26m，建筑面积 4500m²，是国内已知的最高的装配式木结构建筑。目前已完成设计的山东某木结构建筑公司 6 层研发中心，高 23.6m，总建筑面积 4831.92m²，采用梁柱框架剪力墙结构体系。

国内外多高层木结构建筑的相关技术尚未成熟完善，还处于不断积累和进步的过程当中。相关研究机构、骨干企业在结构用材性能、结构抗震性能、建筑抗火性能等领域开展研究，进行了多项工程实践与应用，目前在结构体系、组合构件、新型节点、抗震防火以及国产材料等方面取得较好进展。

在新型工程木质材料方面，胶合木等高强木质复合材料为建造多高层木结构建筑提供了安全可靠的材料基础。在连接节点和连接措施方面，研究和提升构件与构件连接件的安装制作技术，则为建造高层木结构建筑提供了技术支撑。在结构体系研究方面，对多高层木结构建筑相适应的结构体系进行了较多的试验研究。对制约多高层木结构建筑发展的防火技术的研究和改进也是行业始终关注的热点。目前已建成的多高层木结构建筑均进行了科学合理的防火设计，具有良好的防火性能，为项目建设提供了安全保障。

在借鉴国外多高层木结构建筑发展经验和国内木结构建筑领域研究成果的基础上，国家标准《多高层木结构建筑技术标准》GBT 51226—2017 于 2017 年颁布实施，《正交胶合木（CLT）结构技术指南》也于 2019 年出版发行，这些标准规范的陆续出台为多高层木结构建筑的发展奠定了坚实的技术基础。

第 2 章 装配式木结构建筑技术体系和重点技术

装配式木结构建筑是指主要的木结构承重构件、组件和部品在工厂预制生产，并通过现场安装而成的建筑。装配式木结构建筑在建筑全寿命周期中应符合可持续性原则，且应满足标准化设计、工厂化制作、装配化施工、一体化装修、信息化管理和智能化应用要求。装配式木结构建筑按主要承重构件选用的结构材料的不同，可分为轻型木结构、胶合木结构、方木原木结构以及木混合结构。

1 轻型木结构体系

1.1 技术特点

轻型木结构是指主要采用规格材及木基结构板材或石膏板制作的木构架墙体、木楼盖和木屋盖系统构成的单层或多层建筑结构，具有施工简便、材料成本低、抗震性能好的优点。轻型结构构件之间的连接主要采用钉连接，部分构件之间也采用金属齿板和专用金属连接件连接。轻型木结构可分为"平台式骨架结构"和"一体通柱式骨架结构"。平台式轻型木结构施工时，每层楼面为一个平台，上一层结构的施工作业可在该平台上完成，即在拼装完底层墙体后，拼装上层楼盖并以此楼盖为施工作业面继续拼装二层墙体，一般适用于采用预制装配式的建造方式（图 2.1）。一体通柱式轻型木结构在国外有所应用，但

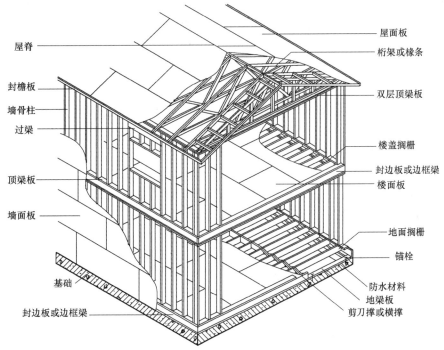

图 2.1 平台式轻型木结构建筑示意图

国内较为罕见。

轻型木结构建筑可以根据具体设计方案，实现较高的预制率和装配率。具体实施上，可根据施工现场的运输条件，将墙体、楼面和屋面等承重构件（如楼面梁、屋面桁架）在工厂预先制作成板式组件、空间组件等基本单元，或者将整栋建筑进行整体或分段预制，然后运送到现场进行安装建造。另外，基本单元在制作过程中，也可将保温材料、通风设备、水电设备和装饰装修等进行集成安装，实现较高的装配化水平。

目前，轻型木结构建筑的预制基本单元主要包括以下几类：

（1）预制墙板：根据房间墙面大小将一片墙进行整体或分块预制成板式组件。预制墙板的类型分为承重墙体和非承重的隔墙。

（2）预制楼面板和预制屋面板：根据楼面和屋面的大小，将楼面搁栅或屋面椽条与覆面板进行整体连接，预制成板式组件。

（3）预制屋面系统：根据屋面结构形式，将屋面板、屋面桁架、保温材料和吊顶进行整体预制，预制成空间组件。

（4）预制空间单元：根据设计要求，将整栋木结构建筑划分为几个不同的空间单元，每个单元由墙体、楼盖和屋盖共同构成具有一定建筑功能的六面体空间体系。

1.2 设计方法

轻型木结构的承载力、刚度和整体性是通过主要结构构件（骨架构件）和次要结构构件（墙面板、楼面板和屋面板）共同作用获得的。设计方法主要有工程设计法和构造设计法。

（1）工程设计法是常规的结构工程设计方法。该方法通过计算确定结构构件的尺寸和布置以及构件之间的连接方式。设计的基本流程是：首先，根据建筑物所在场地以及建筑功能确定荷载类别和性质；其次，进行结构布置；再次，进行荷载和地震作用计算，分析相应的结构内力和变形，验算主要承重构件和连接部位的承载力和变形能力；最后，提出必要的构造措施等。

（2）构造设计法是一种基于经验的设计方法。该方法规定满足一定条件的房屋可以不做抗侧力分析，只需进行结构构件的竖向承载力分析验算，并根据构造要求保证抗侧能力。这能够极大提高工作效率，避免不必要的重复劳动。构造设计法可按现行国家标准《木结构设计标准》GB 50005 的相关规定执行。

轻型木结构的设计应主要考虑以下几方面：

① 楼屋盖的抗剪承载力；

② 楼屋盖与水平荷载垂直的边界杆件抵抗弯矩的承载力；

③ 楼屋盖与水平荷载平行的边界杆件传递剪力的承载力；

④ 楼屋盖与剪力墙的连接设计；

⑤ 楼盖搁栅的振动验算（必要时）；

⑥ 剪力墙抗剪承载力；

⑦ 剪力墙两端边界杆件抗倾覆验算；

⑧ 剪力墙与楼盖、屋盖或基础的连接验算。

楼盖、屋盖与剪力墙的连接要保证荷载的有效传递，主要包括搁栅与墙体平行时的连接以及搁栅与墙体垂直时的连接。

2　胶合木结构体系

2.1　技术特点

根据现行国家标准《木结构设计标准》GB 50005 胶合木结构可分为层板胶合木（Glued Laminated Timber，简称为 GLT）和正交胶合木（Cross Laminated Timber，简称为 CLT）两种形式。层板胶合木是由 20～50mm 厚的木板经干燥、表面处理、拼接和顺纹胶合等工艺制作而成，可应用于单层、多高层以及大跨度的空间木结构建筑。正交胶合木是由一般采用厚度为 15～45mm 的木质层板相互叠层正交组坯胶合而成的木制品，力学性能优越，且适合工业化生产，主要应用于多高层木结构建筑的墙体、楼面板和屋面板等。另外，随着木结构技术的发展，新型的木质结构复合材料不断涌现，并应用于木结构建筑中。目前，已采用的复合材料有旋切板胶合木（LVL）、层叠木片胶合木（LSL）和平行木片胶合木（PSL）等。

胶合木结构是应用较广的结构形式，具有以下特点：①不受天然木材尺寸限制，能够制作成满足建筑、结构要求的各种形状和尺寸的构件，且尺寸稳定性好；②能有效避免和降低天然木材的缺陷的影响，提高木材强度设计值，并能合理级配、量材使用；③构件自重轻，具有较高的强重比，能以较小截面满足强度要求，抗震性能好，且方便运输和现场安装；④满足工业化生产要求，生产效率高，加工精度好，能更好地保证产品质量；⑤具有良好的调温、调湿性，且在相对稳定的环境中，耐腐性能高；⑥能以小材制作出大构件，充分利用木材资源；⑦能发挥固碳作用，可循环利用，是绿色环保材料。

我国胶合木结构的基本预制单元主要以预制胶合木梁、预制胶合木柱和预制正交胶合木楼板、屋面板等单个构件为主。受市场发展规模和技术研发水平的限制，我国胶合木结构的基本预制单元缺乏模数化设计以及标准化的构配件和连接技术，因此，胶合木结构的装配化程度与国际先进国家或地区相比，差距还很大。

目前，常见的胶合木结构按主要承重构件的类型可分为：胶合木梁柱式结构、胶合木拱形结构、胶合木门架结构、胶合木空间结构和正交胶合木板式结构等。

1）胶合木梁柱式结构

胶合木梁柱式结构的梁和柱构件采用胶合木制作，并通过金属连接件连接，组成共同受力的结构体系（图 2.2）。由于梁柱式木结构抗侧刚度小，因此柱间通常需要加设支撑或剪力墙，以抵抗侧向荷载作用。

2）胶合木拱形结构

胶合木赋予了木结构建筑更多的可能性，可以制成不同弯度曲度的重木。对于体育场、剧场、游乐场和游泳馆等场地，采用胶合木打造拱形结构，能合理地利用木材，制造出多变的空间。胶合木拱形结构主要包括两铰拱结构和三铰拱结构（图 2.3），通常适用于 60m 以下的跨度，水平力由拉杆或承台承担。其中，两铰拱结构具有结构稳定、受力明确、施工周期短和制作方便的特点；三铰拱结构通过理论计算，可使得该拱轴上各点只受轴力作用，而无剪切应力和弯矩，从而受力性能更为合理，达到最优承载性能。

3）胶合木门架结构

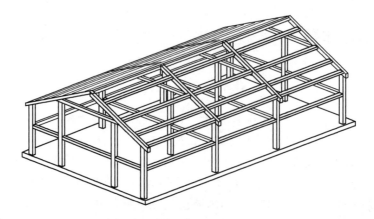

图 2.2　胶合木梁柱式结构示意图

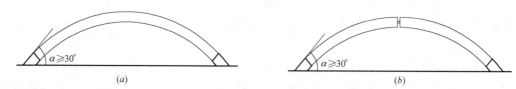

图 2.3　胶合木拱形结构示意图

（a）两铰拱；（b）三铰拱

　　胶合木门架结构主要包括弧形加腋门架和指接门架（图 2.4）。弧形加腋门架适用于 50m 以下的跨度，为了避免屋脊产生过大的挠度，顶部斜面坡度应大于 14°，当斜面坡度较小时，应在拱腰处加设一个调整腋，以减少胶合木结构的造价。指接门架适用于 24m 以下的跨度，顶部斜面坡度应大于 14°，在门架转角接口处，采用特殊的指接技术进行连接。

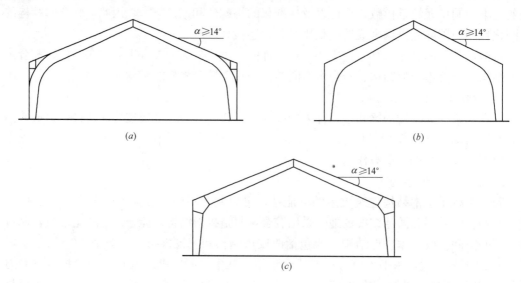

图 2.4　胶合木门架结构示意图

（a）弧形加腋门架（一）；（b）弧形加腋门架（二）；（c）指接门架

4）胶合木空间结构

胶合木空间结构是采用胶合木作为大跨空间结构的主要受力构件，其结构体系包括空间桁架结构和空间壳体结构（图 2.5），主要适用于体育馆、展览馆以及交通枢纽等大跨度和大空间的公共建筑。

(a)

(b)

(c)

图 2.5　胶合木空间结构
(a) 胶合木桁架结构（美国阿斯彭艺术博物馆）；(b)(c) 胶合木壳体结构（塔科马穹顶）

5）正交胶合木板式结构

正交胶合木板式结构是由正交胶合木制作的板式墙体、楼盖和屋盖构成的承重结构体系，构件之间基本采用金属连接件和销钉连接，装配化程度高（图 2.6）。

2.2　设计方法

胶合木结构应根据现行国家标准《木结构设计标准》GB 50005 和《胶合木结构技术规范》GB/T 50708，采用以概率理论为基础的极限状态设计法进行工程设计，设计内容主要包括构件设计、连接设计和防火设计等。通过工程计算进行结构的受力分析，确定构

图 2.6　正交胶合木板式结构（伦敦 Stadthaus 公寓）

件的截面尺寸，并验算构件的承载能力、稳定性能和抗变形能力等。正交胶合木构件的制作和工程设计应满足《木结构设计标准》GB 50005 和《多高层木结构建筑技术标准》GB/T 51226 的相关规定。对于多高层木结构，尚需根据《多高层木结构建筑技术标准》GB/T 51226 的相关规定进行结构的抗震设计和构件的抗震验算等。胶合木构件一般采用螺栓、销、木螺钉和剪板等紧固件连接，紧固件的间距应满足《胶合木结构技术规范》GB/T 50708 中的构造要求，并应进行紧固件连接的承载能力计算分析；正交胶合木各板块通常采用金属连接件和销钉进行连接，其连接设计应满足《多高层木结构建筑技术标准》GB/T 51226 的相关要求。胶合木结构和正交胶合木结构的防火设计和防火构造应符合《胶合木结构技术规范》GB/T 50708 和国家标准《建筑防火设计规范》GB 50016 的相关规定，多高层木结构尚应满足《多高层木结构建筑技术标准》GB/T 51226 的防火要求。

3　方木原木结构体系

3.1　技术特点

方木原木结构是指承重构件主要采用方木或原木制作的单层或多层建筑结构，常用的结构形式包括井干式结构、木框架剪力墙结构和传统梁柱式结构等。

1）井干式结构

井干式结构是将截面适当加工后的方木、原木在水平方向上层层叠加，并通过端部交叉咬合连接，围合成井字形墙体的木结构承重体系（图 2.7）。井干式结构设计时应采取措施减小因木材变形导致的结构沉降变形的影响。原木墙体中层与层之间通常采用木销钉连接，并在墙体的两端用通长的螺栓拉紧，以增强墙体的稳定性。

2）木框架剪力墙结构

木框架剪力墙结构是在由地梁、梁、横架梁和柱构成木构架上铺设木基结构板，以承

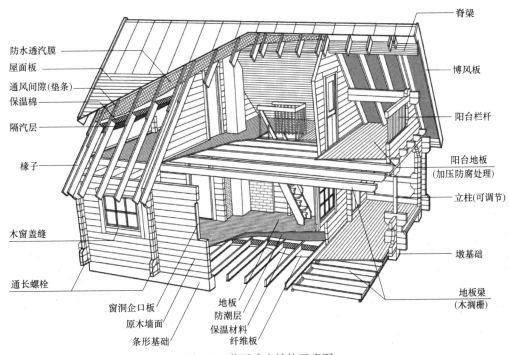

防水透汽膜
屋面板
通风间隙(垫条)
保温棉
隔汽层
椽子
木窗盖缝
通长螺栓

脊梁
博风板
阳台栏杆
阳台地板
(加压防腐处理)
立柱(可调节)
墩基础
地板梁
(木搁栅)

窗洞企口板
原木墙面
条形基础

地板
防潮层
保温材料
纤维板

图 2.7　井干式木结构示意图

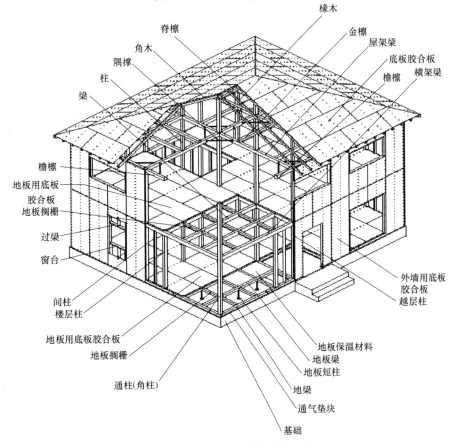

脊檩
角木
隅撑
柱
梁
檐檩
地板用底板
胶合板
地板搁栅
过梁
窗台
间柱
楼层柱
地板用底板胶合板
地板搁栅
通柱(角柱)

椽木
金檩
屋架梁
底板胶合板
檐檩
横架梁

外墙用底板
胶合板
越层柱

地板保温材料
地板梁
地板短柱
地梁
通气垫块
基础

图 2.8　木框架剪力墙结构示意图

15

受水平作用的方木原木结构（图 2.8）。其中，木构架柱主要承受竖向荷载，水平方向的地震作用和风荷载由剪力墙承担。结构构件通常采用方木或胶合木制作，截面尺寸一般较大，通常采用钢板、螺栓、销钉以及专用连接件等进行连接。

3）传统梁柱式结构

传统梁柱式结构建筑是指按照传统建造技术要求，采用榫卯连接方式对梁柱等构件进行连接的木结构形式，主要包括穿斗式木结构（图 2.9）和抬梁式木结构（图 2.10）。目前，我国现行的工程建设标准中未对传统梁柱式木结构建筑作出相应规定，通常参照当地传统木结构建筑的营造方式和方法进行建造。

图 2.9　我国西南地区的穿斗式木结构民居

图 2.10　抬梁式木结构建筑（我国故宫太和殿）

3.2　设计方法

方木原木结构应根据现行国家标准《木结构设计标准》GB 50005 进行工程设计。方木原木结构的梁、柱、墙体、楼盖屋盖、桁架、天窗和支撑等构件应满足《木结构设计标准》GB 50005 的相关规定和构造要求，不同结构类型应进行下列受力计算和验算：梁、柱构件的结构计算；木骨架组合墙体作为承重墙体时的墙骨柱强度验算；木框架剪力墙结构的剪力墙受剪承载力计算；屋面木基层中的受弯构件应进行强度和挠度验算；木框架剪力墙结构的楼盖、屋盖应进行受剪承载力计算；采用方木原木制作木桁架时，应进行桁架各杆件的内力计算，并满足承载力和稳定性要求。

4　木混合结构体系

4.1　技术特点

木混合结构建筑是木结构构件与钢结构构件、混凝土结构构件等其他材料构件组合而成的混合承重的结构形式，主要包括上下混合木结构建筑、混凝土核心筒木结构建筑等类型（图 2.11、图 2.12）。其中，上下混合木结构建筑又可为上部纯木结构＋下部混凝土结构、上部纯木结构＋下部钢结构两种形式。对下部建筑需要较大空间或防火要求较高时，如商场、厨房、车库等，更适宜采用上部纯木结构＋下部混凝土结构的混合结构形式。

图 2.11　上下混合木结构建筑　　　　　　图 2.12　混凝土核心筒木结构建筑
（武进低碳小镇一期启动示范工程）　　　　（加拿大 UBC 大学学生公寓）

多高层木结构建筑等所受荷载较大的建筑多选用混合结构形式进行建造，水平荷载主要由混凝土等其他材料构件承受。例如，混凝土核心筒木结构采用钢筋混凝土筒体作为主要抗侧力构件，周边结构采用木框架结构、木框架支撑结构或正交胶合木剪力墙结构。目前，世界上最高的木混合结构是位于加拿大不列颠哥伦比亚大学（UBC）校园内的 18 层学生公寓。

4.2　设计方法

低层木混合结构可按现行国家标准《木结构设计标准》GB 50005 常规方法进行设计，多高层木混合结构宜按现行国家标准《多高层木结构建筑技术标准》GB/T 51226 进行设计。多高层木混合结构设计时，应重点注意以下几点：

（1）木混合结构建筑设计时，建筑平面布置宜规则、对称，并应具有良好的整体性；竖向刚度和承载力宜分布均匀，避免突变，且宜考虑构件工业化生产制作和安装的要求；

（2）木混合结构结构设计时，应注意结构体系的整体性，满足连接受力明确、构造可靠和承载力、延性的要求，并根据预制组件、部品采用的结构形式、连接方式和性能，合理确定结构的整体计算模型，同时充分考虑木材干缩、蠕变对结构产生的不利影响；

（3）对木结构构件与其他材料构件的接触处、外露预埋件和连接件，应考虑不同环境类别采取封闭、防腐、防虫和防锈等处理措施，以满足混合木结构耐久性的要求；

（4）根据不同材料构件的特点，合理选取适宜的连接技术和节点形式，以有效提高安装效率和连接质量，确保具有良好的抗震性能。

5　装配式木结构建筑构件加工预制

装配式木结构建筑所用木构件通常采用锯材、胶合木和新型木质结构复合材料等，其中锯材包括规格材、板材、方木等，均由原木加工制作而成。木材加工工艺包括木材切削、木材干燥、木材胶合等基本加工技术，以及木材保护、木材改性等功能处理技术。

锯材通常为原木经切削、干燥得到，并根据不同的分级方法对其进行分等分级；胶合木是采用厚度不大于 45mm 的板材沿顺纹方向叠层胶合并加压固化而成的木制品；新型木质结构复合材料是采用将原木旋切成单板或切削成木板、木片、木条，然后施胶加压制作而成的木质结构材料。

随着建筑工业化水平的提高，装配式木结构建筑根据其预制装配的程度可分为条块化预制、板块式预制和模块化预制三种形式。

5.1　条块化预制

条块化预制是装配式木结构的基本形式，主要用于制作预制梁、预制柱及大跨度木结构承重构件，常用于方木、原木和胶合木等结构形式。条块化预制的加工设备一般采用先进的数控机床，可根据客户具体要求实现个性化生产。目前，国内已有木结构建筑企业引进或研发了先进的木结构加工设备，具备了一定的构件预制生产能力。

5.2　板块化预制

板块化预制是通过结构分解将整栋建筑的墙体、楼面和屋面分解成不同的平面板块，也就是分解成预制板式组件，并在工厂预制完成后运输到现场吊装组合。预制板式组件的尺寸大小根据整栋建筑的平面、立面尺寸和标准化设计要求而定。预制板式组件根据有无开口形式，分为完全封闭的板式单元（封闭式组件）以及一面或双面外露的开放的板式单元（开放式组件）。封闭式组件的板块两面均为完工表面，且内部已完成了电器设施的布线和安装，仅各板块连接部分保持开放。一般开放式组件的一面为完工表面，木骨架中间填充保温棉，另一面墙板未安装。这种建造技术主要适用于轻型木结构建筑，可以大大缩短施工工期。

板块式预制技术充分利用了工厂预制的优点，方便运输，可实现木结构建筑远距离销售，并获得较好经济效益。

5.3　模块化预制

模块化预制是通过结构分解将整栋建筑分解成不同功能的预制空间组件，每个预制空间组件由墙体、楼盖或屋盖构成独立的空间单元，可用于建造一层或多层的木结构建筑。预制空间组件在工厂预制完成后运输到现场进行吊装组合。单层木结构建筑由一个或几个模块组成，多层的木结构建筑按层由多个模块组成。模块化预制采用标准化设计，最大化地实现了工厂预制，在层数上又可实现自由组合。在欧美等发达国家得到了广泛的应用，我国还处于探索阶段，未来将是木结构建筑发展的一个重要方向。

目前，比较先进的木结构建筑模块是在工厂内完成了所有的结构工程和内、外部装修装饰工作，待运输到施工现场，通过吊装安放在预先建造好的基础上，接驳上水、电和煤气后，用户马上可以入住。

6　装配式木结构连接设计

装配式木结构建筑中连接是至关重要的环节，只有可靠的连接才能保证整个结构体系中受力的相互传递，并将各个构件相互联系形成一个整体。装配式木结构建筑连接设计时应符合以下原则：

（1）传力必须简洁、明确；

（2）在同一连接计算中，不得考虑两种或两种以上不同刚度连接的共同作用，不得同时采用直接传力或间接传力两种传力方式；

（3）木构件节点不应发生在木构件破坏之前；

（4）被连接的木构件上不宜出现横纹受拉或受弯的状况；

（5）木结构构件和连接件的排列宜设计成对称连接，连接的设计和制造应保证每个连接件能按比例承担分配的应力。

装配式木结构的连接设计中，在确定连接承载力时，要考虑的因素包括树种、木材含水率、关键截面、传力途径、连接件的类型及组合作用等。构件连接承载力的设计值与构件的相对密度有关。例如，对于销类连接，木构件对于销槽承压强度与销的尺寸以及木材的局部承压强度有关；对于大直径的连接件，荷载与木纹的夹角也影响销槽的承压强度。

装配式木结构建筑构件的连接形式主要有销轴类连接、齿板连接、剪板连接和植筋连接等。

（1）销轴类连接：采用销轴类紧固件连接构件的形式，包含螺栓连接、销连接和钉连接等。其中，螺栓连接和销连接适用于胶合木等大尺寸截面构件的连接，钉连接常见于轻型木结构构件等小尺寸截面的连接。

（2）齿板连接：采用经表面镀锌处理的钢板冲压成多齿的连接件进行连接的方式，主要用于轻型木桁架节点的连接和受拉杆件的接长。

（3）剪板连接：采用压制钢或可锻铸铁制作的剪板进行连接的连接方式，剪板连接主要用于胶合木构件的抗剪连接。

（4）植筋连接：采用钢筋或锚栓和胶粘剂进行连接的连接方式，主要用于胶合木构件的连接。

7　装配式木结构建筑耐久性设计措施

装配式木结构建筑的耐久性主要指建筑对木腐菌、虫害以及各种气候变化因子损害的抵抗能力。耐久性对装配式木结构建筑的建筑寿命非常关键，若不采取科学合理的耐久性防护措施，将有可能在短时间内被腐蚀、虫蛀，影响结构使用。装配式木结构建筑耐久性措施主要包括防腐、防水防潮和防虫害。

1）防腐

木材的防腐是装配式木结构建筑设计的重要内容。木材的腐蚀主要是木腐菌侵蚀的结果。木腐菌的生长必须同时具备三个条件：木材含水率高于19%，温度在2~35℃的范围内，有氧气供应。如能去除其中之一，即可防止腐朽。因此，控制木材含水率，保持木材干燥的措施是抑制木腐菌生长的主要技术手段。另外，借助于高效的防腐剂或防腐木材，能更有效防止木结构腐蚀。防腐木材的种类主要有三种：化学防腐木、深度炭化木和纯天然防腐木。

钢连接板、螺栓等钢连接件易于锈蚀，应按钢结构设计原则进行油漆或镀锌等防腐处理。

2）防水防潮

防水防潮是所有建筑结构都需要考虑的问题，在装配式木结构建筑中尤其关键。当木材长期处于潮湿环境时，木材可能出现腐朽等问题。装配式木结构建筑应进行合理的防水防潮设计和采取相应的构造措施，使木材处于干燥通风的环境。通常，根据木结构的不同部位，采用不同的防水防潮措施：基础采用架空或者铺设防潮层；设置挑檐，防止墙体受到雨淋；护墙板与墙面板之间加铺排水通气层；屋面宜设计成坡屋面，铺设瓦片、防水卷材、泛水板等。

3）防虫害

白蚁是对装配式木结构建筑危害最大的生物，因此应采取措施防止白蚁造成的危害。目前，装配式木结构建筑虫害的防治有灭治和预防两种：灭治是在虫害出现后，根据具体灾情，采用喷粉、灌注或喷洒乳剂、油剂、诱杀等方式进行处理；预防是在虫害发生前，采用抗虫害木材、化学屏蔽、物理屏蔽等防虫害设计手段。

8 装配式木结构建筑防火设计措施

装配式木结构建筑的防火尤为重要。国家标准《建筑设计防火规范》GB 50016 主要对木结构建筑的使用范围、层数、长度、面积、防火分区和防火间距等方面作出了规定，以预防火灾发生，或者在已发生火灾的区域控制火灾的蔓延，以减小火灾造成的损失，保证人员在规定时间内得到安全疏散。装配式木结构建筑在进行防火设计时，应综合考虑建筑物的使用功能、使用人数、火灾中逃生的难易程度以及火灾被控制的方式等，通过合理的防火设计和构造措施来避免和控制火势蔓延。

目前，装配式木结构建筑的防火设计方法主要有两种：一种是采用防火构造措施的方法，比如轻型木结构建筑采用防火石膏板对木材进行防火保护；另一种是根据木构件截面越大、防火性能越好的原理，进行防火计算。大截面构件防火计算主要是根据设计荷载的要求，结合不同树种木材的炭化速度，计算得到木结构构件满足耐火极限的截面尺寸，保证构件能满足所需的耐火极限要求。比如，胶合木梁柱结构和正交胶合木剪力墙结构等重型木结构建筑宜采取防火计算的方法。另外，通过适当的阻燃剂处理可使木材的燃烧性能等级提高，达到延迟或防止火灾蔓延的效果；也可以通过增加消防设施，设置自动报警与灭火装置等，提高建筑的自防御能力，有效阻止和降低火灾造成的危害。

为保证钢连接件的防火能力，钢连接板和螺栓等往往嵌于木构件中，端部用木板或防火胶泥封堵。

编写人：姓名：杨学兵
　　　　单位名称：中国建筑西南设计研究院有限公司
　　　　职务或职称：主任、教授级高级工程师

第3章 技术体系之一：轻型木结构技术体系

【案例1】 四川省都江堰市向峨小学

四川省都江堰市向峨小学为2008年5月12日汶川地震后上海市对口援建都江堰的一所小学，校舍建筑包括教学综合楼、宿舍楼和餐厅三个单体，除餐厅的厨房部分采用钢筋混凝土结构外，其他两个单体及餐厅的其余部位均为木结构体系。其中教学综合楼及宿舍楼均采用预制装配化程度较高的轻型木结构体系，餐厅内木结构为轻型木结构与胶合木结构的混合结构体系。

轻型木结构体系中，其主要受力部件轻木剪力墙、楼盖及轻型木屋架等部件均可在工厂预先加工成模块，运输至现场后采用钉子及螺栓连接成整体，装配化程度很高。为避免木零部件在山区长途运输，本工程采用了现场预制的方式，即在校园的一块场地上预制部分零件、部件，待基础施工结束、达到一定强度后，预制部件移动就位并安装，发挥了装配化的优势，提高了工作效率，加快了施工进度。

整个学校建筑面积总计5750m²。含操场等在内的配套设施于2008年12月动工，总施工周期不足1年，2009年9月1日竣工投入使用。

1 工程简介

1.1 基本信息

(1) 项目名称：都江堰市向峨小学（汶川地震上海援建项目）
(2) 项目地点：四川省都江堰市
(3) 开发单位：上海市人民政府
(4) 设计单位：同济大学建筑设计研究院（集团）有限公司
(5) 施工单位：上海绿地建设（集团）有限公司
(6) 构件加工单位：苏州昆仑绿建木结构科技股份有限公司
(7) 进展情况：2009年9月1日竣工

1.2 项目概况

2008年5月12日发生的里氏8.0级汶川大地震，使毗邻汶川的都江堰市成为受灾最为严重的地区之一，其中的向峨小学、向峨中学是成都地区受灾最严重、罹难人数最多的学校，除了一幢当时新修建的学生宿舍外，其他楼房几乎全部垮塌，损失极其惨重。

都江堰市向峨小学是上海市政府对口援建的新建小学。根据灾后教育资源整合的要求，原向峨九年制初中的学生迁入蒲阳中学，原海虹小学学生并入向峨小学，易地重建，规模为 12 班山区不完全小学，学生人数为 540 人，住宿生 100 余人。

校舍建筑主要由教学综合楼、宿舍楼和餐厅三栋单体组成，餐厅中除厨房部分采用钢筋混凝土结构外，其余单体及餐厅内其余部位均为木结构建筑。整个项目规划总用地面积 $21127m^2$，净用地面积 $16311m^2$，校舍总建筑面积 $5750m^2$。这是上海市政府在都江堰市第一批对口援建项目中具有重要意义的学校项目。图 3.1 为向峨小学的鸟瞰图，图 3.2 为教学综合楼外立面，图 3.3 为宿舍楼外立面，图 3.4 为餐厅局部内景。

向峨小学于 2008 年 12 月动工，2009 年 9 月正式投入使用。

图 3.1　向峨小学鸟瞰图

图 3.2　教学综合楼外立面

图 3.3　宿舍楼外立面

图 3.4　餐厅内景

1.3　工程承包模式

都江堰市向峨小学项目采用平行发包模式。设计方为同济大学建筑设计研究院（集团）有限公司，工程施工总承包方为上海绿地建设（集团）有限公司，木结构专业分包单位为苏州昆仑绿建木结构科技股份有限公司。

2　装配式建筑技术应用情况

2.1　建筑设计

2.1.1　平面功能

作为整个校园的标志性建筑，教学综合楼采用了规整、对称、稳定的造型。建筑共 2

层，层高 3.6m，分为 3 部分。北区为普通教室区，每层设 6 个普通教室，以 2.4m 宽的单廊相连。南区为专用教室区，一层布置劳动教室和自然教室，并配备相应的准备用房，二层布置美术教室和音乐教室，其中音乐教室设在西南角，最大限度地避免对其他用房的干扰。综合楼中间部分为内廊式建筑，底层西侧设有主门厅以及行政办公、总务仓库、德育展览、教工厕所、卫生保健、心理咨询等功能空间，东侧居中为主楼梯以及学生厕所、教学办公、计算机教室等用房；二层西侧为 100m² 的多功能教室以及行政办公用房，东侧为学生厕所、教学办公、图书阅览等功能空间。综合楼共设置 3 处楼梯，疏散宽度为 4.8m，单廊净宽为 2.1m，中间部分内廊净宽为 3.1m，满足消防疏散要求。图 3.5 为教学综合楼一层建筑平面图，图 3.6 为教学综合楼屋面建筑平面图。

学生宿舍为内廊式建筑，总面积 1210m²，共 3 层，包含 39 个标准 4 人间，可容纳 156 名寄宿学生。每间宿舍 3.3m 面宽、4.8m 进深，考虑日间上课和夜间住宿的使用特点，卫生间（配有洗涤、淋浴功能）布置在外侧，确保优良的通风采光条件。图 3.7 为宿舍楼三层建筑平面图，图 3.8 为宿舍楼屋面建筑平面图。

餐厅总建筑面积 780m²，设置在教学综合楼和宿舍楼中间，除了使用方便之外，在主导风向条件下还不会对教学区产生影响。建筑北侧为单层混凝土结构厨房，含库房、更衣、加工备餐等功能，设计流程符合卫生防疫要求；南侧大餐厅局部为 2 层，底层为学生餐厅，上部为教工餐厅，通过 1.8m 宽的直跑楼梯相连。图 3.9 为餐厅一层建筑平面图，图 3.10 为餐厅屋面建筑平面图。

2.1.2　建筑造型

3 栋单体建筑造型简洁流畅、高低错落、形体明确且富有节奏感。3 栋单体建筑皆采用坡屋顶，屋顶变化丰富、形式多样。结合遮阳处理，木质百叶与竖向构件的布置极富韵律，表现出建筑独特和雅致的气质，也提升了建筑的亲和力。外墙材料主要采用木质挂板和涂料，局部采用条状仿石材面、砖贴面。图 3.11～图 3.13 分别为教学综合楼、宿舍楼及餐厅主建筑立面图。

2.1.3　建筑材料

本项目 3 栋单体中，教学综合楼以及宿舍楼均采用 SPF 规格材作为墙体、屋面以及楼面的承重材料；墙面板、屋面板及楼面板采用了定向刨花板（OSB 板）；局部受力较大的楼面梁采用胶合木梁。餐厅采用了胶合木梁、柱以及桁架作为主要受力部件，局部采用由 SPF 及 OSB 板组成的墙体。

普通教室、多功能教室、多媒体器材室、音乐教室、美术教室、科技活动室及图书室均采用 PVC 块材楼（地）面，卫生间均采用有防水层的防滑地砖楼（地）面。外墙主要采用实木挂板、面砖及涂料墙面；内墙均采用涂料墙面。屋面采用浅蓝灰色波形沥青瓦屋面，固定于屋面 OSB 板上；天花顶棚均采用涂料顶棚，采用双层防火石膏板做防火保护；门窗玻璃除注明外均采用 Low-E 透明中空钢化玻璃。

2.1.4　建筑构造

1）屋面檐口做法

教学综合楼及宿舍楼采用轻型木桁架屋面，上铺沥青瓦，檐口处向外悬挑约 1.5m，其做法大样图见图 3.14。

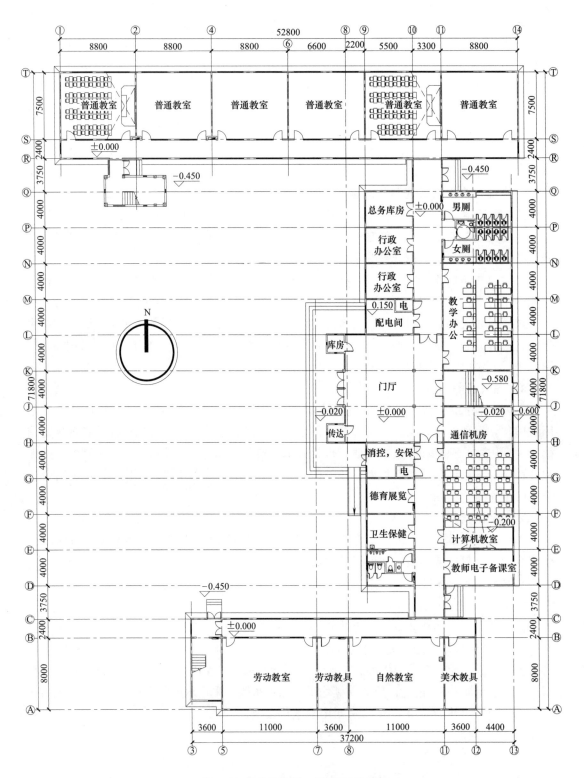

图 3.5 教学综合楼一层建筑平面图

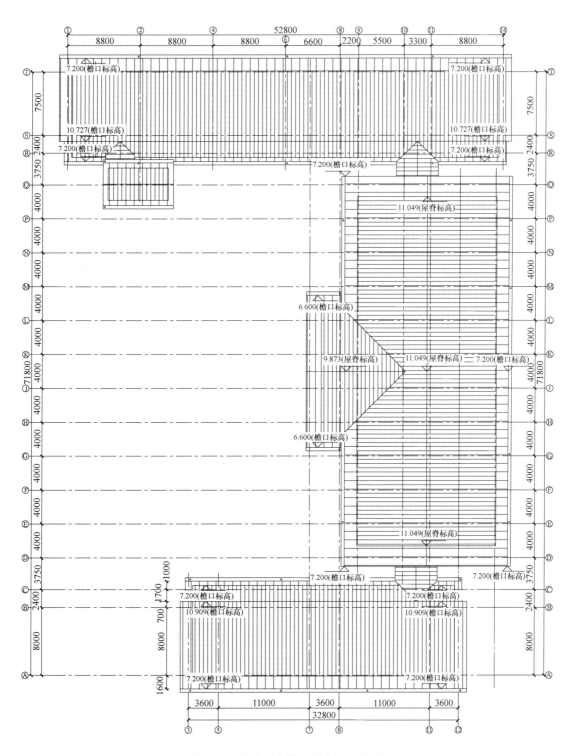

图 3.6　教学综合楼屋面建筑平面图

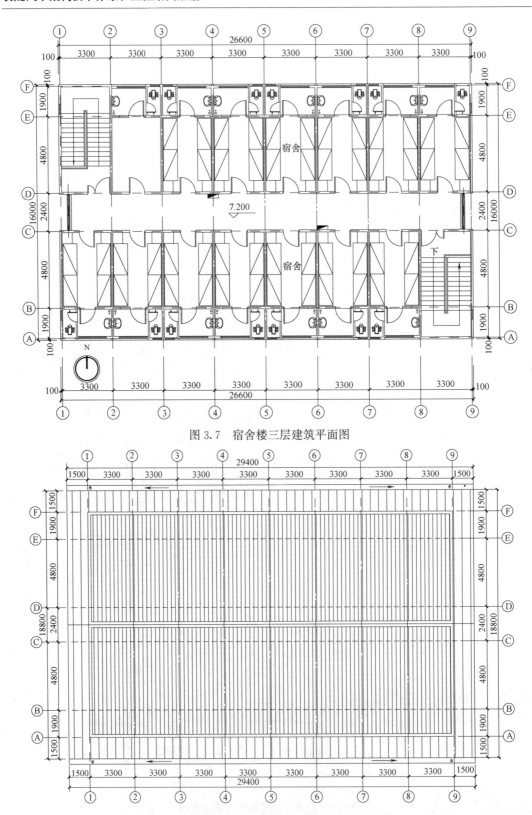

图 3.7 宿舍楼三层建筑平面图

图 3.8 宿舍楼屋面建筑平面图

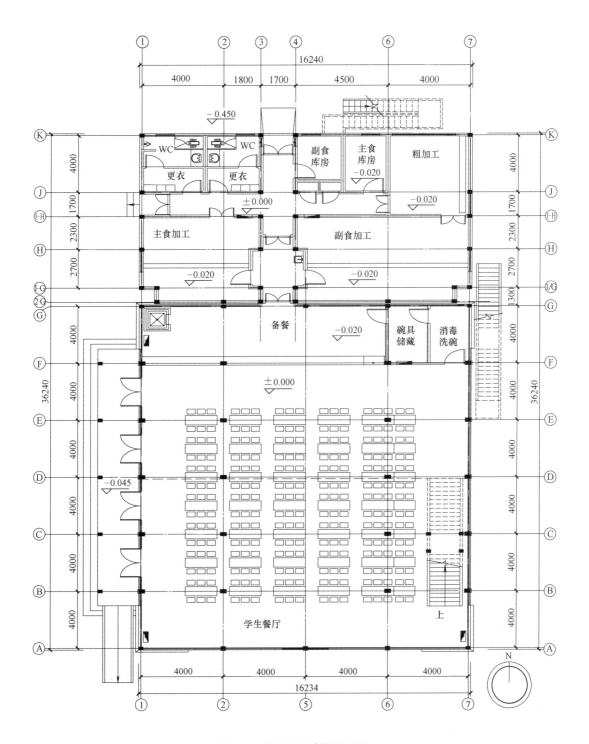

图3.9 餐厅一层建筑平面图

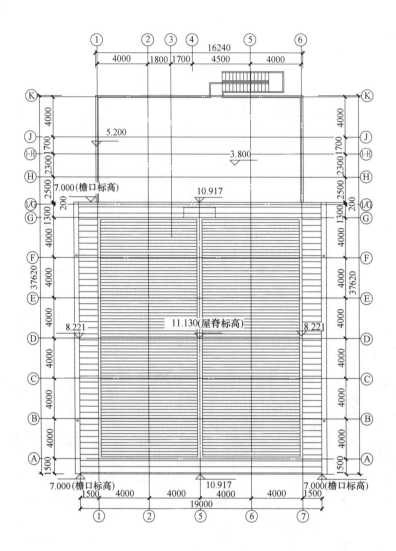

图 3.10　餐厅屋面建筑平面图

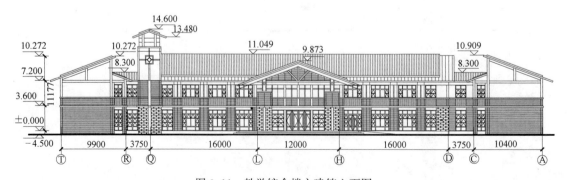

图 3.11　教学综合楼主建筑立面图

图 3.12 宿舍楼主建筑立面图

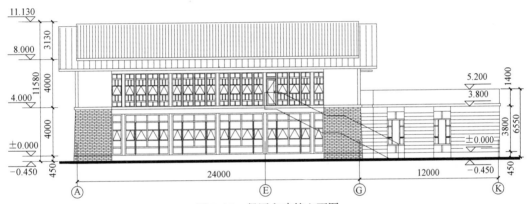

图 3.13 餐厅主建筑立面图

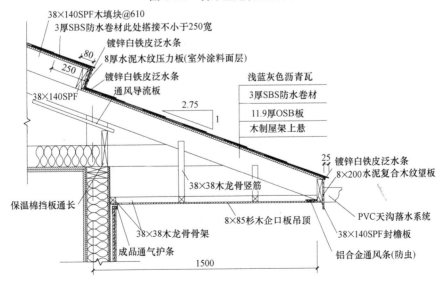

图 3.14 轻型木屋架屋面檐口处大样图

2）墙身做法

本项目采用轻型木结构墙体做外墙，墙内填充保温棉，外立面为涂料饰面；考虑建筑当地有虫害的发生，除了在场地周边采取一定的防虫害处理措施外，在窗洞处额外设置了部分防虫网。该墙身大样图见图3.15。

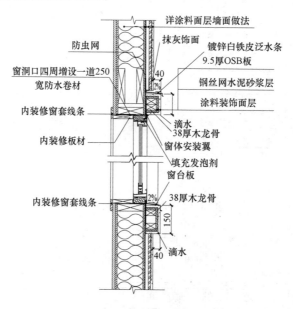

图 3.15　轻型木结构墙体墙身大样图

3）地面大样

项目地面在一般填土地面的做法上增加了沥青方木条的架空做法，取得了较好的防水防潮效果，其大样图见图3.16。

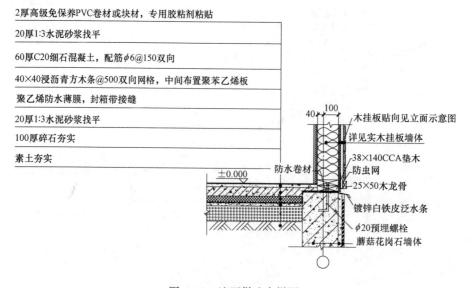

图 3.16　地面做法大样图

2.1.5 建筑防火、防护

1）防火

参照当时的《建筑设计防火规范》GB 50016 相关规定及条文，向峨小学的木结构建筑全部符合建筑层数要求、建筑物最大允许长度和防火分区面积的规定。所有建筑均安装有自动喷淋灭火系统。所有木结构建筑的承重墙、房间隔墙、楼面和屋面的木结构构件，都根据规范要求安装防火石膏板，且楼面上部铺设 30mm 厚轻质混凝土面层，耐火极限满足防火规范构件燃烧性能和耐火极限要求。

2）防潮

本项目与混凝土基础直接接触的木构件均采用了经过加压防腐处理的木材，未经防腐处理的木构件与室外地面之间的净距不小于 450mm。建筑外墙表面铺设防水层；采用坡屋顶以保证屋面排水，并铺设防水基材、面层材料以及泛水板等以保证屋盖结构不产生雨水渗漏；屋盖空间设置通风口，屋面增设防潮层，以防止冷凝水对屋顶结构造成危害。各轻型木结构外墙中均采用了单向呼吸纸做防潮处理。

3）防虫

本项目地处潮湿地区，易发生白蚁危害，为此，设计时考虑如下的保护措施：

现场管理——地基处理时清除树根、木材以及其他纤维材料的建筑垃圾；增设土壤屏障，包括铺设沙砾及设置诱饵；

建筑防护——混凝土基础顶部与底梁板之间安装金属板屏障，其余间隙、裂缝或接头处用防白蚁填缝料填充；一层结构墙体喷涂对人体无毒的防虫药剂；屋顶结构设置防虫网建筑构造；

监控与维修——学校建成后 3 年内每年进行定期检查，之后进行长期监控。

2.2 结构设计

2.2.1 概况

本工程为典型的轻型木结构体系，采用"平台式骨架结构轻型木结构"形式，其特别之处在于墙体构件中的墙骨柱在层间并不连续，所有墙板为一层高度，形似"火柴盒"，一层墙体建造后，装配完楼面后就完成了一层的结构；之后再以第一层楼面作为操作平台搭建第二层。图 3.17 为平台式骨架轻木结构示意图。

1）教学综合楼

教学综合楼为二层轻型木结构建筑，层高 3.6m。Ⅰ区建筑物长度 52.8m，宽度 9.6m，建筑面积为 1014m²；Ⅱ区建筑物长度 44m，宽度 16.8m，建筑面积为 1589m²；Ⅲ区建筑物长度 32.8m，宽度 9.6m，建筑面积为 630m²。屋面采用三角形轻型木桁架体系，二层楼面主要纵墙承重，走廊搁栅沿走廊宽度方向布置。竖向荷载由屋面、楼面传至墙体，再传至基础；横向荷载（包括风载和地震水平荷载）由水平楼、屋盖体系、剪力墙承受，最后传递到基础。图 3.18 为教学综合楼分区图。

2）宿舍楼

宿舍楼为三层轻型木结构建筑，层高 3.6m，建筑物长度 26.4m，宽度 15.8m，总建筑面积为 1210m²。屋面采用三角形轻型木桁架，二层、三层楼面主要横墙承重，走廊搁栅沿走廊宽度方向布置。竖向荷载由屋面、楼面传至墙体，再传至基础；横向荷载由水平

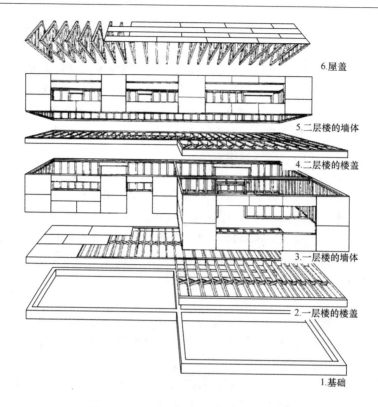

6. 屋盖

5. 二层楼的墙体

4. 二层楼的楼盖

3. 一层楼的墙体

2. 一层楼的楼盖

1. 基础

图 3.17 平台式骨架轻型木结构示意图

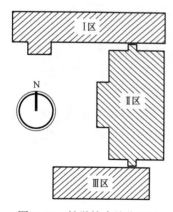

图 3.18 教学综合楼分区图

楼、屋盖体系、剪力墙承受，最后传递到基础。

3）餐厅

餐厅为木结构与钢筋混凝土结构混合建筑，总建筑面积 787m²。钢筋混凝土结构部分为单层，层高 4m，长 12m，宽 16m，基础形式为条形基础；木结构部分为两层，层高 4m，长 24m，宽 16m，采用胶合木框架结构及轻型木结构的形式，木框架结构材采用胶合木、工程木制品，基础形式为独立基础。

2.2.2 荷载情况

1）恒荷载

恒荷载按各材料自重计入。

2）活荷载

按照《建筑结构荷载规范》GB 50009，项目各类不同功能房间的楼面、屋面活荷载见表 3.1。

活荷载情况表（单位：kN/m²）   表 3.1

教室、教室、办公室、 会议室、保健室	门厅、走廊、 楼梯、餐厅	厨房	体育器材室	屋面(不上人)	屋面(上人)
2.0	2.5	4.0	5.0	0.5	2.0

3）风荷载

按照《建筑结构荷载规范》GB 50009，都江堰市 50 年一遇基本风压 0.3kN/m²；场区地面粗糙度类别为 B 类。

4）地震作用

根据国家标准《中国地震动参数区划图》GB 18306—2001 第 1 号修改单的要求，项目场地设防烈度为 8 度，地面加速度 0.20g，特征周期 0.40s，乙类建筑。

2.2.3　结构材料

项目所用木材包括规格材以及其他各类工程木制品。规格材选用时要求有木材认证机构的质量认证记号。承重墙的墙骨柱木材采用Ⅲc 及以上级别，楼板搁栅、窗过梁及屋面搁栅木材达到Ⅲc 及以上级别。本项目中主要使用的结构材名称、含义及其含水率要求见表 3.2。

主要木结构用材及含水率要求　　　　　　　　　　　表 3.2

材料名称	含　　义	含水率(%)
SPF	进口云杉、松、冷杉结构材统称，强度等级Ⅲc 级	≤18
ACQ 防腐木	SPF 经防腐处理后的木材，强度等级Ⅲc 级	≤18
Glulam	层板胶合木	≤15
OSB	定向刨花板	≤16

2.2.4　结构布置

轻型木结构体系的三大部件为轻型木结构剪力墙、轻型木结构楼面搁栅及轻型木桁架屋面体系。本项目 3 栋单体建筑大部分抗侧力构件均为轻型木结构剪力墙，剪力墙采用间距约为 600mm 的规格材布置形成龙骨体系，两侧采用 OSB 或石膏板作为覆面板体系。楼面采用间距约为 300～400mm 的规格材或木桁架布置，其上设置 OSB 覆面板及一层厚度仅为 30mm 的细石混凝土找平层，楼面下为防火石膏板吊顶。屋面木桁架构件由规格材组成，各规格材之间采用钢齿板连接，单榀的桁架均在工厂制作完成，桁架下设置防火石膏板吊顶。

结构设计时，充分考虑了现场各部件之间连接的可靠及便利性，所有的连接节点均采用钉连接或螺栓连接，部件运输至现场后仅需完成部件定位及连接工作。

1）剪力墙布置

轻型木结构体系中，剪力墙是结构中抗侧力的关键构件，平面布置尽量均匀，单片剪力墙长度至少满足其高度的 1/3.5 的要求；竖向布置尽量连续，非连续处应设置转换构件。本项目三栋单体中的轻型木结构剪力墙布置均按照此原则设计。图 3.19 为剪力墙的构造示意图，表 3.3 为剪力墙中各组件代号的含义。

教学综合楼中，利用外墙、分户（教室）墙及走廊两侧墙设置轻木剪力墙，但是位于一层门厅部位处（Ⅱ区），因空间需要无法设置剪力墙，而此处二层设置了剪力墙，故此处（10 轴处位于 H-L 轴）设置截面为 133×406 的 PSL 转换梁。图 3.20 为教学综合楼Ⅱ区剪力墙平面布置图。

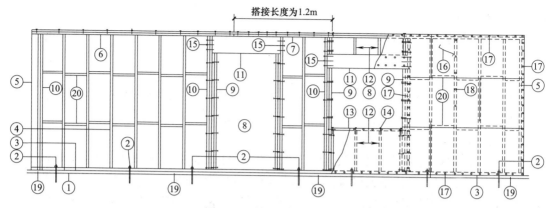

图 3.19 剪力墙构造示意图

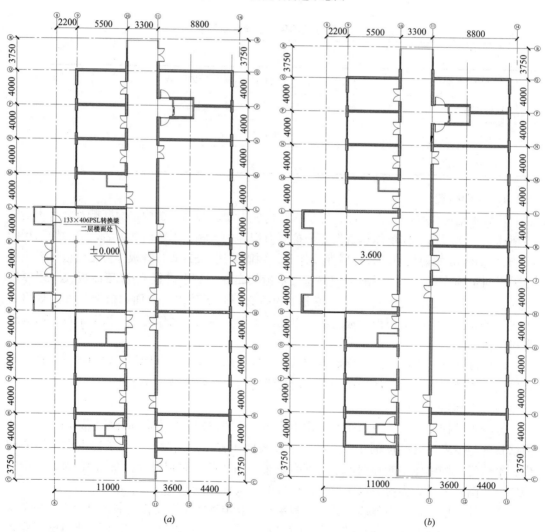

(a)

(b)

图 3.20 教学综合楼Ⅱ区剪力墙平面布置图

(a)一层;(b)二层

剪力墙构造示意图各组件含义　表 3.3

代号	含　义	代号	含　义	代号	含　义	代号	含　义
1	混凝土梁、基础顶	6	双顶梁板，钉连接	11	过梁	16	覆面板
2	轻木墙体下锚栓	7	顶梁板	12	窗上、下墙骨柱	17	覆面板边缘钢钉
3	底梁板	8	门或窗	13	窗底底梁板	18	覆面板中间钢钉
4	木墙骨柱	9	门窗过梁下组合柱	14	每根墙窗下骨柱钢钉	19	防腐木
5	转角处木墙柱	10	边界墙骨柱	15	过梁上钢钉	20	墙骨柱间横撑

宿舍楼中，所有外墙、分户（宿舍）墙及中间走廊两侧墙体均设置为轻木剪力墙，且 C 轴位于 6～8 轴处的上下剪力墙不连续，故在该处设置一截面为 180×457 的 LVL 木梁作为转换梁。图 3.21 为宿舍楼剪力墙平面布置图。

餐厅所有外墙及部分内隔墙处设置了厚度为 140mm（龙骨厚度）的轻木剪力墙，剪力墙平面布置均匀合理；竖向布置上，5 轴处二层设置了一片剪力墙，但是一层处由于建筑功能要求未设置剪力墙，故此处设置了 2 片木结构桁架转换构件以传递上部剪力墙的荷载。图 3.22 为餐厅内轻木剪力墙平面布置图，图 3.23 为 5 轴处剪力墙下部的转换桁架。

2) 楼盖布置

轻型木结构体系中的楼盖一般采用按一定间隔布置的规格材，截面一般根据楼面跨度、活荷载情况而定，高度一般为 185～235mm；对于跨度大或者荷载较重的楼面，可以采用由规格材构成的桁架式搁栅。图 3.24 为木搁栅楼盖的构造示意图，表 3.4 为该木搁栅楼盖中各组件代号的含义。

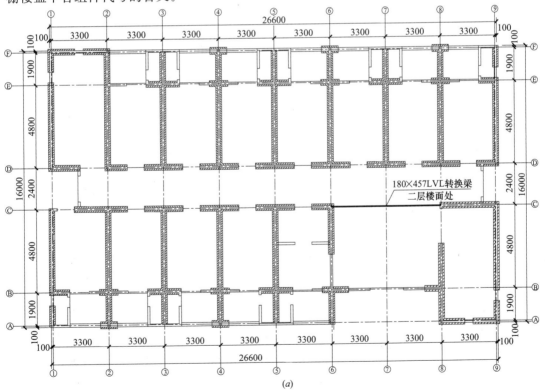

图 3.21　宿舍楼剪力墙平面布置图（一）

(a)—一层剪力墙平面布置图

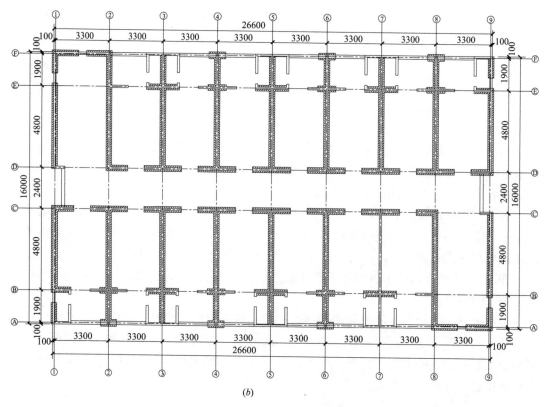

(b)

图 3.21 宿舍楼剪力墙平面布置图（二）

(b) 二层/三层剪力墙平面布置图

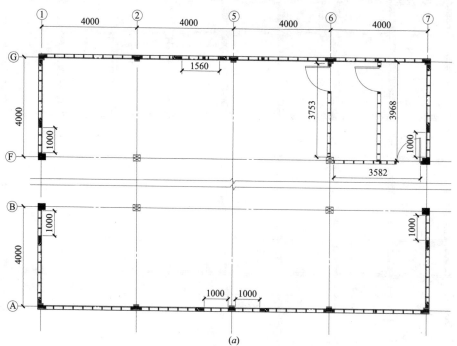

(a)

图 3.22 餐厅内轻木剪力墙平面布置图（一）

(a) 一层剪力墙布置图

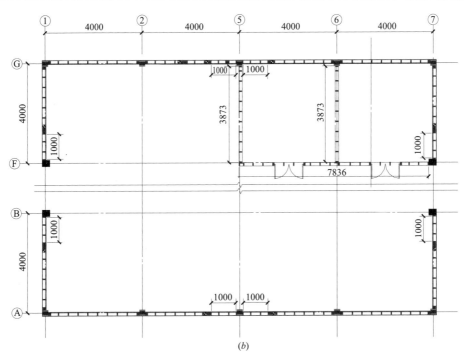

(b)

图 3.22　餐厅内轻木剪力墙平面布置图（二）

（*b*）二层剪力墙布置图

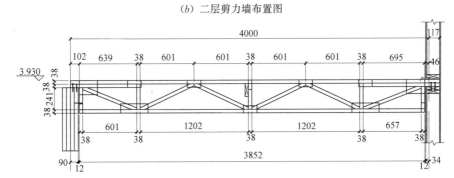

图 3.23　餐厅内 5 轴处剪力墙下部转换桁架

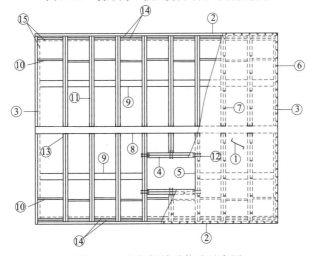

图 3.24　木搁栅楼盖构造示意图

木搁栅楼盖构造示意图各组件含义　　　　表 3.4

代号	含义	代号	含义	代号	含义
1	OSB覆面板	6	覆面板边缘钢钉	11	楼面搁栅
2	封头搁栅	7	覆面板中间支座钢钉	12	钢钉
3	封边搁栅	8	楼面梁	13	搁栅挂构件
4	开孔处封头搁栅	9	木底撑	14	木填块
5	开孔处封边搁栅	10	横撑或剪刀撑	15	楼盖下墙体

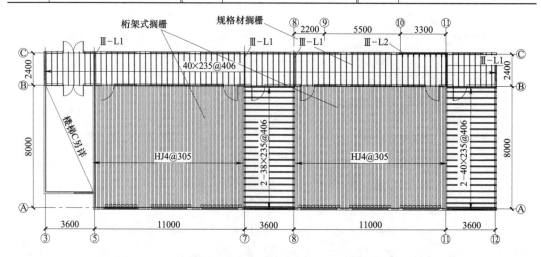

图 3.25　教学综合楼Ⅲ区楼面搁栅布置图

因教学综合楼及宿舍楼中局部设置了跨度达到 8.2m 和 6.6m 的楼盖，跨度相对较大，故采用了木桁架楼面的形式。图 3.25、图 3.26 为教学综合楼Ⅲ区及宿舍楼二层楼面搁栅布置图，图 3.27 为教学综合楼Ⅲ区中所采用的桁架式搁栅的大样图。

　　3）屋盖布置

轻型木结构体系一般采用由规格材及齿板连接构成的轻型木屋架，屋架按照一定间距布置，屋架上密铺 OSB 板，其上设置防水卷材及屋面瓦。图 3.28 为宿舍楼屋架平面布置图，图 3.29 为宿舍楼某屋架大样图。

2.2.5　抗侧力设计

宿舍楼和教学综合楼均采用典型的轻型木结构剪力墙作为结构的抗侧力体系，并采用轻型木结构搁栅及轻型木桁架体系作为楼面及屋面结构。由于轻木结构自身轻质的特点，其在地震作用下承受的地震剪力较小，在很大程度上能减小总体的地震作用，设计实践也表明在 8 度设防条件下完全能够满足结构受力的各项要求。

　　1）剪力墙抗侧力设计

结构抗侧力构件主要承受的侧向荷载为风荷载及水平地震荷载，故抗侧力计算时，首先按照相关规范计算每层承受的水平地震荷载和风荷载，将此两种荷载相互比较后得出控制性荷载，之后将该控制性荷载按每片剪力墙的从属面积分配到各片剪力墙，之后对单片剪力墙进行设计。

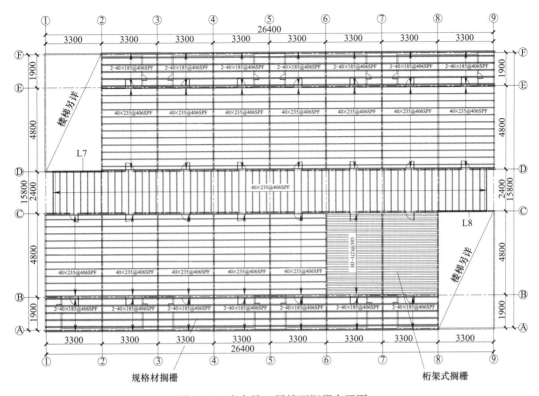

图 3.26 宿舍楼二层楼面搁栅布置图

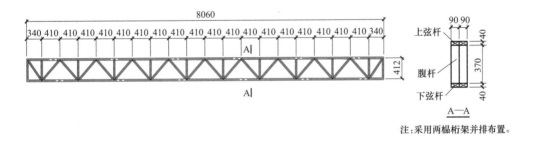

注：采用两榀桁架并排布置。

图 3.27 教学综合楼Ⅲ区中桁架式搁栅大样图

2）楼盖抗侧力设计

楼盖抗侧力设计时假定水平地震作用力沿楼盖宽度方向均匀分布，以求得垂直荷载方向某段长度楼盖所承担的由水平地震力引起的剪力。若在平行于地震作用方向有多个楼盖，则假定楼盖的刚度与长度成正比，可求得平行地震作用方向每个楼盖所承受的剪力。经过以上的荷载分配计算过程，可以得到楼盖在两个主方向上所受到的剪力。

2.2.6 连接设计

本项目轻木剪力墙、搁栅楼盖及轻木屋盖构件均采用工厂预制，为减少施工现场人工用量和提高施工效率，构件或部件间的连接均采用螺栓（锚栓）或钉连接的形式。

1）剪力墙与楼屋盖及基础的连接

剪力墙与楼盖之间采用普通钢钉连接，楼盖与其上下剪力墙之间的水平作用力由底部

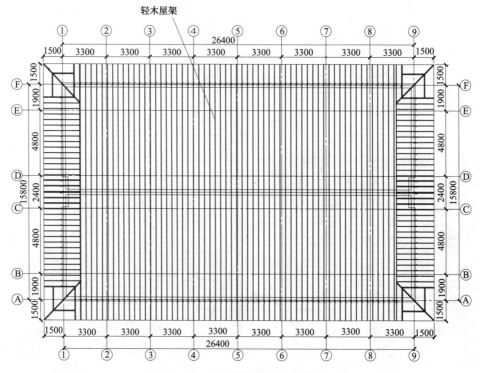

图 3.28　宿舍楼屋架平面布置图

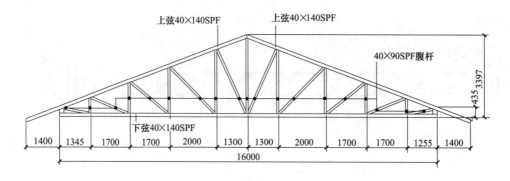

图 3.29　宿舍楼某屋架大样图

剪力法计算结果确定。根据相关规范公式可以计算得到单颗普通钢钉的承载力，由此可确定连接楼盖与上下墙体所连接需要的普通钢钉个数及水平间距。

　　木结构中水平地震作用最终由底层剪力墙传至与其连接的钢筋混凝土基础，底层剪力墙与基础采用螺栓连接，图 3.30 为墙体与混凝土连接锚栓示意图。根据相关规范公式可以计算得到单个螺栓连接节点的承载力，由此可确定连接底层剪力墙与基础的螺栓个数及水平间距。

　　表 3.5 列出教学综合楼及宿舍楼中墙体与楼盖及基础的连接形式及计算的相关数据。

　　2）剪力墙抗拔锚固件

　　为了加强上下剪力墙以及剪力墙与基础结构之间的整体性，项目在上下剪力墙间以及

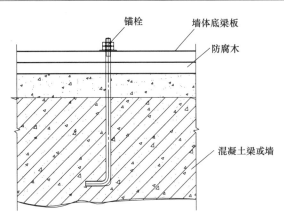

图 3.30　墙体与混凝土连接锚栓示意图

一层剪力墙与基础间布置抗拔锚固件，通过抗拔锚固件来保证结构各组件之间的有效传力，使结构成为一个整体来抵抗水平作用。图 3.31 为剪力墙与基础连接部位、上下楼层剪力墙间连接部位的抗拔锚固件的连接示意图。

教学综合楼、宿舍楼中墙体与楼盖及基础的连接形式和间距（单位：mm）　表 3.5

单体		一层墙体与基础锚栓连接		一、二层墙体与楼盖钉连接		二、三层墙体与楼盖钉连接		二、三层墙体与屋盖钉连接	
		横向	纵向	横向	纵向	横向	纵向	横向	纵向
教学综合楼	Ⅰ区	750	750	150	150	—	—	85	90
	Ⅱ区	1000	750	75	150	—	—	100	100
	Ⅲ区	1000	650	70	150	—	—	100	75
宿舍楼		1200	600	75	150	100	75	250	150

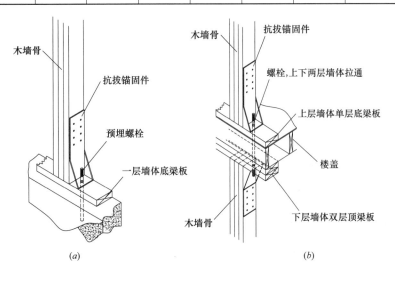

图 3.31　抗拔锚固件连接示意图
（a）剪力墙与基础连接；（b）上下楼层剪力墙间连接

2.2.7　节点构造

1) 楼面搁栅与墙体连接构造

本项目大部分楼面均采用轻型木搁栅的楼面，因采用"平台式框架结构"，楼面搁栅均置于轻型木结构墙体上，并采用足够的钉连接保证传递水平向的外荷载。其连接构造如图3.32所示。

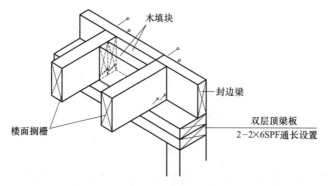

图3.32　楼面搁栅与墙体连接构造示意图

2）屋架与墙体连接构造

本项目的屋架采用金属连接件与下部墙体或木梁进行连接，并用钉子分别固定。其连接构造如图3.33所示。

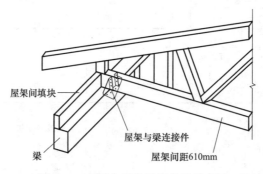

图3.33　屋架与墙体连接构造示意图

3）墙体交接处连接构造

按建筑平面要求，墙体之间交接分为典型的"L"形、"T"形及"十"字形，各类型交接处墙体中的墙骨柱布置方式及钉连接要求均不同，如图3.34所示。

2.3　设备管线系统技术应用

本项目三栋单体建筑的主要抗侧力构件均为轻型木结构剪力墙，设计中现场大部分管线均需埋置于墙体中，安装管线时需在木构件上开孔后穿线，仅需运用小型电器设备即可安装，方便快捷；设备管线布置后，针对有保温及隔声要求的墙体，在墙体龙骨内现场填充保温或隔声棉，安装覆面板及铺设防潮纸。楼面结构也采用按一定间距布置的规格材搁栅楼面，楼面结构安装完毕后，现场安装风管、喷淋等位于吊顶中的设备，安装完这些设备后进行石膏板吊顶的安装工作。故对于设备管线的安装工作，现场工作量不小，工厂预制化程度不高，但这也是考虑到当时国内施工单位对于轻型木结构这种新型结构体系的不熟悉，并未考虑提高设备管线安装工程的预制化程度。

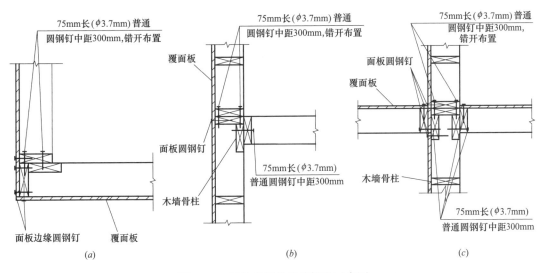

图 3.34 墙体交接处连接构造示意图
(a) L 形墙角；(b) T 形墙角；(c) 十字形墙角

2.4 装饰装修系统技术应用

为体现装配式木结构建筑的特点，同时考虑校舍建筑内装修力求简单实用的效果，本项目外墙材料主要采用木质挂板和涂料，局部采用条状仿石材面、砖贴面；餐厅采用直接暴露的胶合木构件，不进行过分装饰，以体现亲近自然的效果（图 3.35）。

图 3.35 餐厅装修实景
(a) 外立面；(b) 二楼楼梯一角

2.5 信息化技术应用

本项目所有的木结构材料采用 WOODWORK 专业软件进行尺寸放样，拆分成单根构件后发给生产工厂进行备料加工，加工完后对每个构件或部件进行编号，并制作成简便易懂的对照表，方便现场施工人员安装施工，加快了施工进度。

3 构件加工、安装施工技术应用情况

3.1 木构件加工制作与运输管理

本项目工期紧张，且当时我国轻型木结构建筑还处于起步阶段，为了减少长途运输以及加工制作时间，项目所有规格材及其他结构用材均一次运输至工地现场，在临时搭建的加工棚内进行构件的裁切组装。以墙体为例，其加工流程为：

（1）原材料尺寸抽检；

（2）按图断切；

（3）墙体组装；

（4）墙体检验；

（5）设备预置孔开口（大洞口）；

（6）墙体表面简单防护；

（7）墙体编号发出。

3.2 装配施工组织与质量控制

项目在构件安装过程中，小构件由 2～3 名工人进行安装，大构件采用小型汽车式起重机辅助起吊安装，为避免不利受力情况的发生，特别是防止吊装时构件因变形而破坏，针对不同构件，在吊装时选取了不同的吊点；起吊及下落时缓慢、平稳。待构件吊至指定安装位置处上方约 0.5m 处略作停顿，由操作人员调整好位置及角度后，再使构件垂直缓慢下降，平稳就位；就位后按照图纸进行连接操作。

另外，项目在施工管理方面，建立了项目管理组织机构，并安排专业人员对施工质量、安全及进度实行全面检查、跟踪，发现隐患及时通知整改，并跟踪检查，确保现场施工高效有序。

4 效益分析

4.1 经济效益

本项目较传统钢筋混凝土结构及钢结构建筑，大部分结构构件均在工地现场的临时工棚内加工完成，形成简单的模块部件，施工现场完成各部件之间的安装连接，大大减少了现场湿作业量及人工用量，较大程度上提高了整个项目的预制装配化程度，有效节约了现场施工费用。

4.2 社会效益

本项目是上海市对口援建都江堰市 22 所中小学之一，且是中国第一所装配式木结构建筑校舍。预制装配的方式提高了建造效率、减少了资源浪费、降低了施工噪声和空气污染，提升了建筑品质，是"创新、协调、绿色、开放、共享"发展理念的具体落实。

项目秉承"安全的校园、绿色的校园、集约型校园"的宗旨，建成之后得到了社会的广泛赞誉，完美地展示了装配式木结构建筑在抗震、节能、环保、设计灵活及快速施工方面的各项优势，获得了第六届中国建筑学会建筑创作佳作奖。

5　存在不足和改进方向

鉴于当时国内建筑行业的发展现状，本项目在工地进行各主要部件的加工制作，且对设备管线安装、楼面找平及吊顶工程，均未采用预制装配化技术。

本项目在施工现场进行管线的布置和安装，降低了预制装配化程度。今后，为进一步提高此类型项目的预制装配化程度，可在工厂加工墙体和楼面的同时，安装布置好管线，填充好保温、隔声棉，并预留穿线洞口或管线接口，制作成墙体、楼面模块。工地现场仅需要进行模块定位连接，这样能大幅降低现场施工工作量，提高预制装配化程度。

【专家点评】

一、项目总体评价

四川省都江堰市向峨小学为汶川地震后上海市对口援建都江堰市的一所小学，是中国第一所采用现代木结构体系建设的学校。学校教学综合楼及宿舍楼均采用预制装配化程度较高的轻型木结构体系，餐厅采用轻型木结构为主并辅以与胶合木梁柱的结构体系。

都江堰市向峨小学较完美地展示了木结构建筑在抗震、节能、环保、设计灵活及快速施工方面的各项优势。项目凸显了现代木结构建筑在装配式建筑以及绿色建筑发展中的显著优势，创造了良好的社会效益与经济效益，对木结构建筑的推广具备较高的示范意义。项目建成之后得到了中外业内专家的广泛认可，并获得了第六届中国建筑学会建筑创作佳作奖。

二、项目优势

该项目在建筑设计中，教学综合楼采用了规整、对称、稳定的造型，学生宿舍采用内廊式建筑，餐厅为 2 层，通过直跑楼梯相连。3 栋单体建筑皆采用坡屋顶，屋顶变化丰富、形式多样。建筑造型简洁流畅、高低错落，形体明确且富有节奏感，充分体现了轻型木结构承重和造型相统一的特点。

该项目采用了轻型木结构剪力墙、楼面搁栅及轻型木桁架屋面体系。采用的结构体系和材料兼顾了安全性和经济性，具有较好的示范作用。

三、存在问题和建议

本项目鉴于当时国内建筑行业的发展现状，各主要部件的加工制作均在工地现场进行，且对设备管线安装、楼面找平及吊顶工程，均没有采用相关预制装配化技术。对材料的耐久性关注不够。

建议今后在类似工程应用时，应积极采用 BIM 设计，主要结构构件应在工厂生产，主要管线乃至照明、给水排水设备应在墙板或楼板内直接安装到位，现场直接装配施工；对外墙材料的耐久性给予更细致的考虑，综合当地气温、雨情等因素，深入设计屋檐构造和外墙构造，保证建筑物耐久性和减少外观维护工作量。

（陆伟东：南京工业大学教授，博导，建筑设计研究院院长）

案例编写人：

姓名：孙永良

单位名称：同济大学建筑设计研究院（集团）有限公司

职称或职务：高级工程师

【案例2】 枫丹园木结构别墅项目

枫丹园项目位于天津市中新天津生态城起步区东侧的中加低碳生态示范区内。项目总建筑面积为123154m²，其中包括100套类独栋木结构建筑，建筑面积16600m²。木结构别墅在建造过程中引进了加拿大SuperE节能技术，增强了建筑气密性，提升了建筑质量和耐久性，并降低了能源消耗，节约了运行成本；尝试运用BIM技术，通过建立全专业信息化模型，进行设备材料准确统计、管线综合碰撞检查、设计方案优化和施工过程指导等；同时，采用了智能家居和智能安防技术，打造了一个信息数字化、安全自动化、管理优质化、具有可持续发展的现代化智能住宅小区。该项目在成本、用工、用时"四节一环保"方面都取得了良好的效益。

1 工程简介

1.1 基本信息

（1）项目名称：中加低碳生态示范区枫丹园项目

（2）项目地点：中新天津生态城

（3）开发单位：北科泰达投资发展有限公司

（4）设计单位：天津市建筑设计院

（5）总承包单位：中国建筑第八工程局

（6）木结构施工单位：天津泰明加德低碳住宅科技发展有限公司

（7）进展情况：2017年12月底竣工

1.2 项目概况

中加低碳生态示范区项目是由中华人民共和国住房和城乡建设部与加拿大自然资源部于2014年6月共同批准并推动建立的示范项目，是目前中国唯一一家中加合作生态示范区。示范区位于天津生态城区域内的国家海洋博物馆与渤海海洋监测基地之间，示范区占地面积1.8km²，旨在落实新型城镇化规划，推动我国低碳生态城市建设，促进节能减排和应对气候变化，探索资源节约和环境友好城镇化道路，实现美丽中国的重要实践。项目区位见图3.36中黄色区域。

作为中加低碳生态城区试点示范的一期项目，本项目位于天津市中新天津生态城起步

图 3.36　项目区位图

区东侧（原滨海旅游区），东至荣盛路，南至海博道，西至月盛路，北至海轩道。项目总建筑面积为 123154m²，其中 16600m² 为 100 套类独栋木结构建筑，地下一层，地上两层。项目实景见图 3.37。

图 3.37　项目实景

1.3　工程承包模式

项目采用施工总承包方式。

2　装配式建筑技术应用情况

该项目采用一体化设计、预制化生产、现场装配组装的方式。设计阶段，通过应用 BIM 技术，实现了在建筑、结构、设备管线、装饰装修等方面的一体化集成设计，便于对后续施工进行有效的指导。项目使用预制墙体、楼板及屋架等构件主要采用规格材、定向刨花板（OSB 板）、胶合木等，完成标准化、模数化设计后，将加工图纸直接发送给加工厂进行加工制作，并将相关设备管线在生产阶段就按要求预留预埋到位。

47

2.1 建筑设计

1）建筑高度和密度

为保证社区内的居住品质，最大限度地提高室外环境质量，别墅与高层住宅实现了内外高低合理布局，层次分明，具有丰富优美的天际轮廓线。

2）户型设计

该项目共 24 个组团，由 7 个户型组合而成。户型设计上以动静分离、干湿分区，良好采光和通风为原则，以起居室作为活动中心，将睡眠、用餐、休息等功能分离，各自安排相应的空间，减少相互干扰，满足不同功能的需求。图 3.38 所示为 J 户型的平面图。

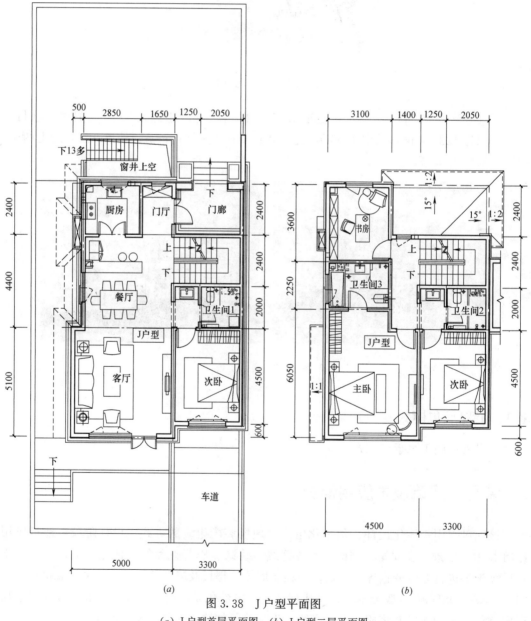

(a)   (b)

图 3.38　J 户型平面图

(a) J 户型首层平面图；(b) J 户型二层平面图

3）立面设计

项目以红砖饰面材质为基座，以坡屋顶形式结合红色系瓦屋面和造型烟囱，并借助不同单元立面表情的差异变化，营造出温馨、典雅而又充满质感的"北美家园式"生活氛围（图 3.39）。

图 3.39　立面设计图

4）建筑节能设计

为推动低碳节能技术的示范应用，本项目引入了加拿大 SuperE 节能技术。该技术综合加拿大 R-2000 标准、先进住宅、健康住宅和平衡零能耗计划等理念建立，能够大幅降低建筑能耗。根据国外应用情况，年供电费用可节省约 30%～40%，年采暖费用可节省约 40%～50%。在技术引入前，项目各方结合中加生态示范区项目实际情况，特别是区域气象环境参数、能源费用情况等，并考虑我们国家及天津市的相关规范标准多次召开专题会，就技术、造价、材料、工期等方面进行了研究论证。SuperE 技术中相关气密性节点做法如图 3.40 所示。

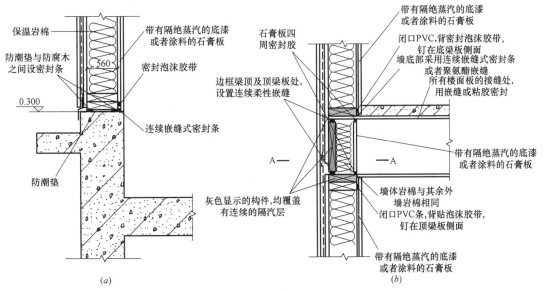

图 3.40　SuperE 气密性节点做法（一）

（a）基础与墙体连接处的气密性节点；（b）楼板与外墙的气密性节点

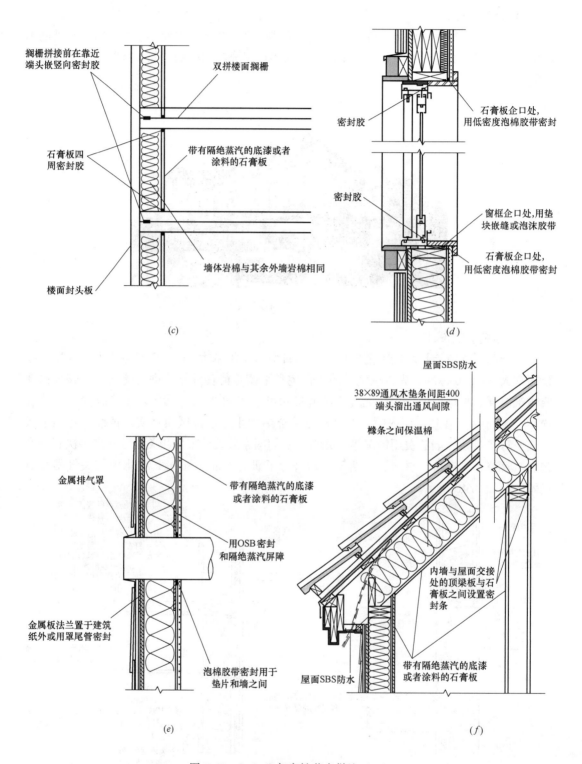

图 3.40　SuperE气密性节点做法（二）

（c）A-A节点详图；（d）门窗的气密性节点；（e）管线穿外墙的气密性节点；
（f）屋面与内墙交界处的气密性节点

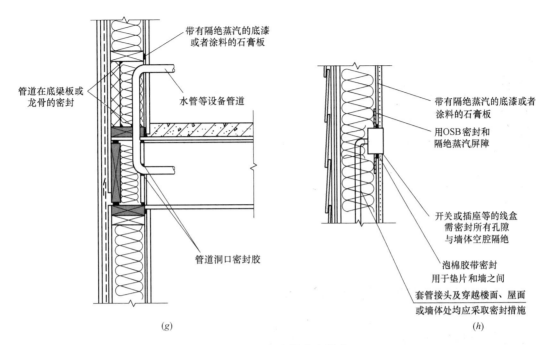

图 3.40　SuperE 气密性节点做法（三）

(g) 穿楼面管道的气密性节点；(h) 线盒的气密性节点

此外，项目设计采用太阳能热水"分户集热—分户贮水—分户使用"系统，将太阳能集热板集中放置于屋顶上，每户居民都能充分利用太阳能，实现了资源集中高效利用：太阳能利用占建筑总能耗的比例大于 5%。太阳能集热水系统产生热水占本小区生活热水使用总量的 60% 以上。

2.2　结构设计

该项目采用"平台式框架"轻型木结构体系。

1）屋面结构

屋面为椽条结构形式，由屋面板、屋脊梁、椽条、天棚搁栅或屋架组成。屋面板材料为定向刨花板，椽条及天棚搁栅为 SPF 规格材，屋脊梁为胶合木。这些构件都是在工厂预制后，现场安装就位。其中，屋面椽条结构在承重墙体结构体系上通过金属连接件进行搭建（图 3.41、图 3.42）。

2）墙体结构

墙体结构由顶梁板、底梁板及墙骨柱组成，并由结构钉连接而成的一个整体框架。墙面板为定向刨花板和石膏板，安装在框架两侧；顶梁板、底梁板和墙骨柱材料为 SPF 规格材。

墙体分为承重墙与非承重墙。承重墙的顶梁板一般为双层 SPF 规格材，当顶梁板上方受到较大集中荷载时，该处墙体需做如下加强处理：将几根 SPF 规格材用结构钉组合在一起，形成一根"组合柱"，再进行荷载的传递。当墙体直接支撑在楼面结构上时，上层承重墙必须保证荷载能够可靠传递到下层承重墙体或楼面梁上，并最后传递到基础上。

图 3.41　屋架实景

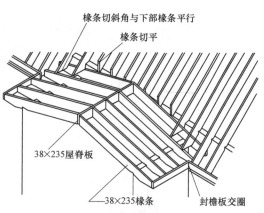

椽条切斜角与下部椽条平行
椽条切平
38×235屋脊板
38×235椽条
封檐板交圈

图 3.42　屋面椽条做法示意图

非承重墙布置在楼面搁栅或楼面支撑上，与楼盖搁栅垂直的非承重内墙必须位于距支撑梁或承重墙两侧 600mm 内。墙体结构实景如图 3.43 所示。

图 3.43　墙体结构实景

3）楼面结构

楼面结构主要由楼面搁栅和楼面板组成。楼面搁栅采用双拼或三拼的 SPF 规格材，支承在顶梁板上，横跨建筑宽度，通过搁栅托架或钉进行连接。楼面板采用定向刨花板，支撑设置在下层承重墙的顶梁板上。为了减小楼面搁栅跨度，下层墙顶标高处设置大梁，作为楼面搁栅的中间支撑点；同时，为了保证楼面搁栅的侧向刚度，搁栅之间用填块、剪刀撑作加强处理。楼面结构实景和搁栅做法详见图 3.44～图 3.46。

图 3.44　楼面结构实景

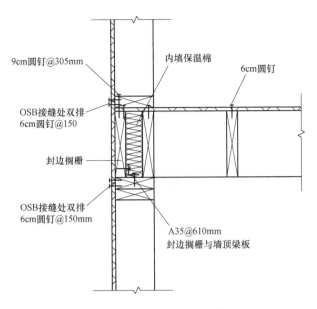

9cm圆钉@305mm　　内填保温棉　　　6cm圆钉

OSB接缝处双排
6cm圆钉@150

封边搁栅

OSB接缝处双排
6cm圆钉@150mm

A35@610mm
封边搁栅与墙顶梁板

图 3.45　搁栅与外墙平行做法

4）围护结构

木结构建筑的围护结构对于其耐久性至关重要，应在满足外饰面安装牢固要求的同时，具有防虫、防潮、保证主体结构完好的作用。

外墙围护结构由内至外依次是结构墙体、覆面板（OSB 板）、泛水板、呼吸纸、防腐木龙骨（挂板、顺水条）、防虫网及外装饰面板，形成防雨幕墙系统。其中，呼吸纸具有很好的防水性能和透气性能，又名"单向透气膜"，是一种新型高分子材料，表面具有极

6cm圆钉@100mm

9cm圆钉@305mm

OSB接缝处双排
6cm圆钉@150

封头搁栅

40×235楼板

OSB接缝处双排
6cm圆钉@150mm

外墙或顶平齐梁

每跨1个A35连接
封头搁栅与墙顶梁板

图 3.46　搁栅与外墙的垂直做法

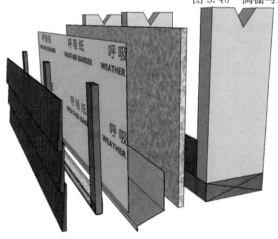

图 3.47　外墙围护结构示意图

细小的微孔，依据浓度梯度差扩散原理，使水蒸气自由地通过微孔，而液态水和水滴因表面张力作用无法通过，故具有良好的防水和透气性能。外墙围护结构示意图见图 3.47，相关部位剖面图见图 3.48 和图 3.49。

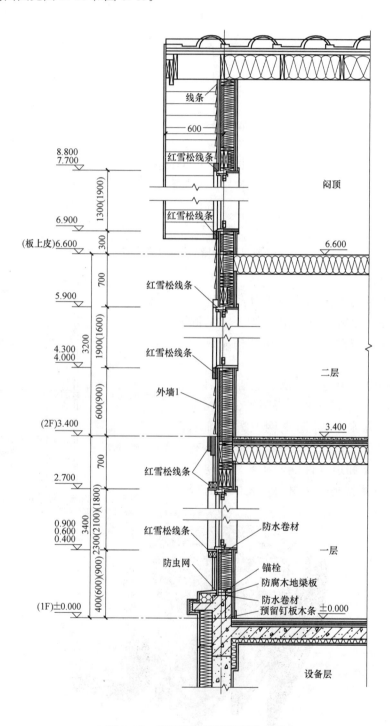

图 3.48　房间部位外墙剖面示意图

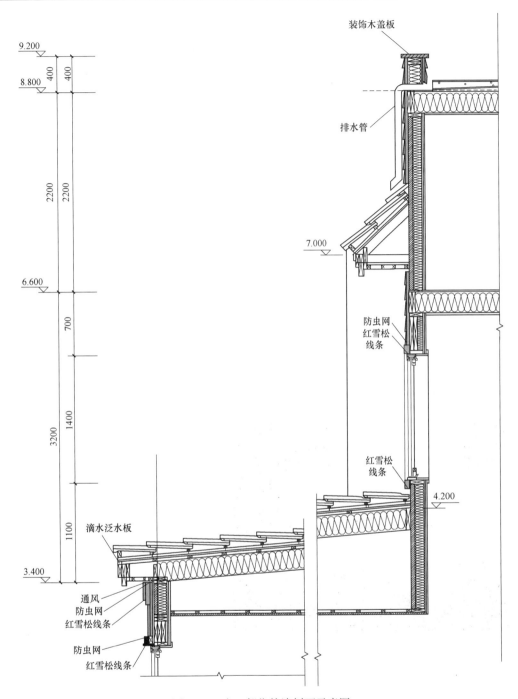

图 3.49 出口部位外墙剖面示意图

5）基础

项目采用钢筋混凝土基础，基础与主体结构用地脚螺栓连接。具体做法为：在基础混凝土浇筑前预埋地脚螺栓，待混凝土凝固后，在主体结构与基础交接处做防潮层，然后铺上防腐木及底梁板，并通过脚螺栓将底梁板与基础牢固连接。另外，在主要承重组合柱部位还将加设抗拔锚固件，用以增强结构的抗震、抗风性能。基础相关做法如图 3.50、图 3.51 所示。

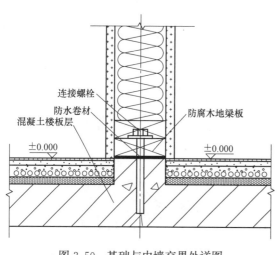

图 3.50　基础与内墙交界处详图

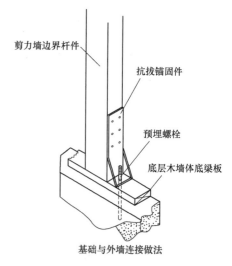

图 3.51　基础抗拔锚固件详图

2.3　设备管线系统技术应用

1）水暖工程

项目充分利用卫生间管井，通过技术处理方式，将太阳能管道和给水排水管道设置在一个管井内，以减少室内管井数量。同时，给水、中水管道及热水管道配水干管出管井后

图 3.52　地暖管线布置现场

沿吊顶敷设，竖向支管敷于墙体内，并最终输送至每个用水器具的用水点。

室内采用低温热水地板辐射供暖系统，每层设一个分配器，共用立管。户内分配器各支路回水管道上设置远传式电动控制阀，可实现分室控温，满足舒适度和节能的要求。当地板辐射供暖无法达到室内设计温度时，辅助散热器供暖。地暖管线布置现场如图 3.52 所示。

2）电气工程

项目电气线路的布置结合木搁栅走向进行设计，线管敷设路由同搁栅的方向一致，以方便搁栅开孔及固定。同时，因为配电线路暗敷时，电气线管固定于龙骨之间，直接接触木结构，火灾隐患较大，且事故初期难于察觉。因此，参考《建筑设计防火规范》GB 50016—2014 中 10.2.3 条关于吊顶内配电线路的敷设要求，项目所有电气管线需沿木龙骨间隙或预留穿线孔内敷设，并当导管和槽盒内部截面积不小于 $710mm^2$ 时，从内部进行封堵，详见图 3.53。

另外，在防雷方面，项目也采用明敷设方式，沿建筑物外墙设卡固定专用的引下线，将雷电流导入大地。同时，引下线的安装与建筑物的距离不小于 10cm，并在距地面0.3～1.8m 处装设断接卡；在地面上 1.7m 至地面下 0.3m 处，采用改性塑料管等加以保护。

图 3.53　管线布置现场照片

2.4　装饰装修系统技术应用

本项目采用"毛坯交房"的形式，但考虑到木结构建筑在精装修方面的特殊要求，项目方也为业主提供了菜单式的装修方案。精装阶段工作分为设备、结构改造、基础硬装、固定家具、活动家具及软装、全屋智能化等。作为精装套餐向业主提供的包括结构改造、基础硬装的选择方案，分为高中低档三个价位，每种主材同等价位可选三个不同品牌。结构改造工作解决了业主及装修队伍不了解木结构体系的问题，避免了不合理的拆改，保证建筑安全性；基础硬装会针对轻木结构特点采用相应的施工工艺，最大限度地使用干法施工，避免现场湿作业，既节省了施工时间，又降低了装修成本，这也是木结构建筑在室内精装方面的优势。施工阶段的其他工作均由业主自行确定，项目方会给业主提供相应的技术支持。

2.5　信息化技术应用

1）BIM 技术

本项目尝试应用了 BIM 技术，主要体现在以下三方面：①使用 Revit 软件建立全专业信息化模型，以更加直观地检查各专业之间存在的问题，及时进行优化及深化设计，同时更方便准确地统计设备材料量单；②使用 Navisworks 软件整合设备管线模型，进行管线综合碰撞检查，及时调整管线位置标高，优化设备图纸，通过把问题暴露在施工前，大大节省材料、劳动力，节约施工成本；③通过三维的可视化分析，可以直观有效地进行指导，方便进行施工方案调整。BIM 模型成果图如图 3.54、图 3.55 所示。

项目在设计阶段运用 BIM 技术将建筑结构体系进行信息化模拟搭建，使得结构各部位关系更加清晰，特别是复杂坡屋面的结构表现更为精确，也便于进行构件的加工及安装（图 3.56）。

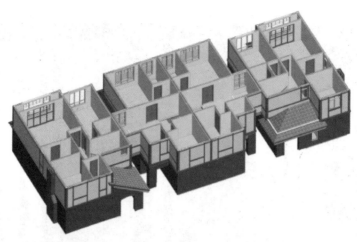

图 3.54　BIM 模型轴侧剖面图

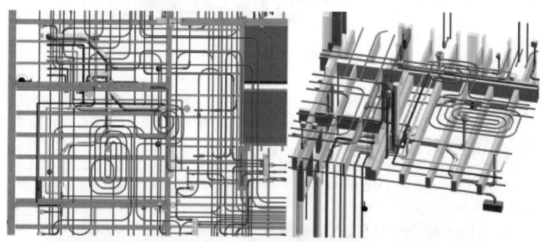

图 3.55　BIM 管线综合图

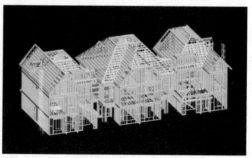

图 3.56　结构模型图

2）智能家居

项目定位于打造一个信息数字化、安全自动化、管理优质化，具有可持续发展的现代化智能住宅小区，采用了多种智能家居技术（图 3.57、表 3.6）。

3）智能安防

本项目采用智能安防系统，主要包括周界防范报警系统、社区监控系统、保安巡逻管理系统、联网型可视对讲系统、家庭联网报警系统等（图 3.58）。

图 3.57 智能家居

智能家居代号及其含义 表 3.6

序号	功能名称	序号	功能名称
1	触摸屏控制	7	电动窗帘
2	门禁系统	8	实时监控
3	温湿度控制	9	动静感应
4	IPAD ＆ IPHONE 控制	10	镜面电视
5	灯光控制	11	面板控制
6	家庭影音	12	空气控制

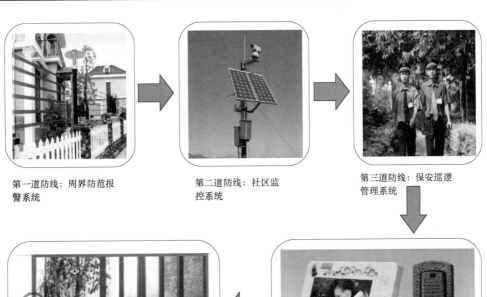

第一道防线：周界防范报警系统

第二道防线：社区监控系统

第三道防线：保安巡逻管理系统

第五道防线：家庭联网报警系统

第四道防线：联网型可视对讲系统

图 3.58 智能安防系统

3 构件加工、安装施工技术应用情况

3.1 构件选材

项目采用的主要构件包括木骨架组合墙、木搁栅楼盖和木椽条屋盖等。这些构件均由规格材、木基结构板采用钢钉等金属连接件连接而成。SPF 规格材板厚度 38mm，宽度有 90mm、140mm、185mm 等，长度以 600mm 递进，从 2.4m 至 7.2m，墙体主要以 406mm 的间距排列使用，楼板以 305mm、406mm、508mm 和 610mm 的间距排列使用；采用的 OSB 木基板的规格为 15mm×1220mm×2440mm，采用钉连接或金属连接件连接的方式覆盖于墙体及楼板表面，以增加墙体的抗剪能力和楼板的承载能力；同时，项目在门窗过大的洞口过梁、屋盖脊梁等需要加强的部位，采用 GLB 胶合木，与原木相比，它具有强度大、材质均匀、不易开裂和翘曲变形等优点。上述主要材料见图 3.59。

胶合木 Glulam　　　　　　　　　　　规格材SPF

定向刨花板OSB　　　　　金属连接件——抗拉连接件

图 3.59　项目采用的主要材料

金属连接件是木结构体系中用来传递水平、竖向拉力的部件，通常采用镀锌钢板制作而成。在轻型木结构建筑中，连接件的作用是将各结构构件和覆面材料连接在一起，并承担和分散荷载，帮助结构抵抗特殊荷载，如地震荷载和风荷载。连接件是房屋设计和建筑总体结构性能的一个基本部分。本项目连接件主要有：紧固件（如普通钢钉、螺纹钉、环形钉、螺钉、U 形钉和螺栓等）、框架连接件（如搁栅托架）和锚栓（如柱帽、柱锚栓、地梁板锚栓和螺栓等）等。其中，搁栅托架用于处于同一水平位置的搁栅和横梁之间或横梁与横梁之间的连接；柱帽用于柱顶和横梁的连接；柱锚栓用于柱底和混凝土基础的连接；地梁板锚栓和螺栓用于地梁板和基础的连接；木底撑用于各种构件的连接；连接件实例如图 3.60 所示。

通用框架锚栓

紧固框架锚栓

三夹框架锚栓

搁栅和檩条的托架

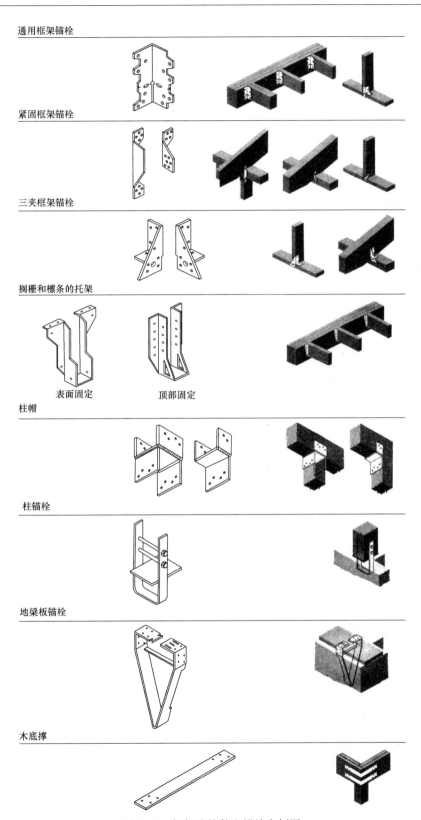

表面固定　　　顶部固定

柱帽

柱锚栓

地梁板锚栓

木底撑

图 3.60　框架连接件和锚栓实例图

3.2 木构件加工制作与运输管理

在构件加工前，通过 BIM 技术，将墙体、楼盖、屋盖等部位进行标准化拆分和编号，以便于对加工制作过程进行管控。为方便项目使用和避免受交通影响，项目采用项目场区搭设临时加工厂进行构件加工制作，加工过程的质量控制要点如下：

（1）材料准备：要求木材品种、材质、规格、数量必须满足图纸的要求，根据不同标准构件的尺寸，选择合适的规格材。木材的加工含水率应控制在 18％以内。

图 3.61　临时加工作业现场

（2）下料切割：按照加工图进行下料加工，加工完成后及时核对规格及数量，分类堆放整齐，并采取防变形措施。

（3）组装：根据加工拆分图要求，将切割后的木材用相应的金属连接件进行连接，组装成标准的木构件。并按要求进行分类编号，根据现场施工次序堆放整齐。

（4）运输：通过小型工程车将加工好的构件直接运输至施工现场进行安装。临时加工厂见图 3.61。

3.3 装配施工组织与质量控制

1）施工管理

为有效进行施工管理，施工单位成立了项目管理部，配备具有丰富施工经验的专业团队。项目部配置上，下设专业装配施工班组，包括构件加工、墙体组装、楼板组装、屋架组装等班组。加工班组制作好相关构件后，分配到各施工组团，由专业班组按工序进行流水线安装。项目组织机构图见图 3.62。

2）质量控制

（1）施工前技术质量培训、交底

工程开工前，项目部技术组对整个工程的技术质量要点向施工管理人员、班组长等作一个全面培训，待培训考核合格后，再行上岗。同时项目部技术部门对施工管理人员、班组长交底。技术交底以书面形式进行，未经交底不得施工。

（2）质量会议制度

每周召开专题质量会议，由项目经理、技术负责人和专职质检员提交质量动态报告，研究制定质量工作计划和对策。

（3）坚持样板引路，先试点确认后，再大面积施工

（4）过程控制

项目每道工序完成后，在施工人员进行"自检、互检"的基础上，再由质检员进行专业检验合格后，才能开始下一道工序的施工；关键工序和特殊工序检验由质检员进行检验

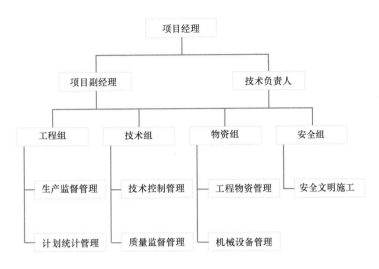

图 3.62　项目管理组织机构图

后，再由技术负责人进行检验，最后报监理工程师进行检验。

（5）第三方专家技术支持

作为中加合作的示范项目，加拿大自然资源部在现场派驻专家，为项目实施全过程提供技术指导，并协助现场质量管控。

3）施工流程

该项目施工流程主要分为 9 个步骤完成，具体如图 3.63 所示。

①基础施工及基底防腐　　②首层墙体安装　　③首层顶板搁栅安装

④搁栅安装楼面OSB板　　⑤二层墙体安装　　⑥二层屋顶椽条安装

⑦墙体空腔填充保温棉　　⑧外墙外侧张贴呼吸纸　　⑨外围护结构全面安装

图 3.63　施工流程图

4 效益分析

4.1 成本分析

由于该项目采用加拿大进口木材，质量相对较好，且木结构建筑产业成本相对传统混凝土结构要高，因此，本项目造价较传统混凝土建筑高约 10％左右。但另一方面，项目施工现场没有湿作业，措施费相对较少。另外，在设计阶段，项目综合考虑了建筑平面布局和构件尺寸协调，使得构件在满足建筑使用、结构安全和标准化设计要求的同时，又满足制作、运输、安装全过程的质量控制要求，提高了安装效率和施工质量，降低建设综合成本。

4.2 用工分析

按照施工计划，项目在基础施工阶段就提前进行了木构件的加工制作，不仅效率更高，而且为后续主体结构的施工提供了保障。除基础部分外，每栋别墅主体施工平均用时为 90 个工日，相当于 6 个工人 15 天即可完成一栋房屋的主体工程，而同样面积的混凝土建筑大约需要 130 个工日。

4.3 用时分析

该项目每栋房屋的施工时间大约为 105 天，而体量相同的混凝土建筑则需 145 天，减少了约 1/3 的工期。

4.4 "四节一环保"分析

1）节地

本项目采用混凝土中高层与联排别墅产品相结合的方式，优化了建筑布局，在满足区域容积率指标的同时，提高了土地利用效率。

2）节能

项目在低碳与节能方面引进了加拿大 SuperE 节能技术。该技术能够显著提高建筑气密性，减少用电和能源消耗。根据设计阶段测算的结果，该技术不仅可以满足《天津市居住建筑节能设计标准》DB 29-1-2013 的要求，而且可以节省 36％的用电费用和 43％左右的采暖费用。

3）节水

本工程采用分质供水方案，绿化灌溉、道路清洗等采用市政中水和收集的雨水，即城市再生水源，其余供水水源采用市政给水。同时，采取了一些节水措施：①设置总水表进行计量，做到用水有量；②采用节水龙头，减少水流率；③卫生洁具及五金配件采用节水型产品；④采用中水作为非传统水源。采取上述措施后，8～31 号别墅一天最高总用水量为 30.8m³/d，最高时用水量为 2.95m³/h，平均时用水量为 1.28m³/h。非传统水源利用率达到了 27.1％。

4）节材

根据设计的墙体高度尺寸、楼板宽度尺寸，拆解图纸，定制规格材，合理安排材料用量，同时，将加工过程中产生的多余木料制作成挡块或剪刀撑，用于加固墙体和楼板。

　　5）环境保护

项目建造过程中无湿作业，噪声污染小，基本不产生建筑垃圾，另外，通过采用健康环保材料提高居住舒适度和室内空气质量，提升建筑质量和耐久性。

5　存在不足和改进方向

（1）项目采用毛坯交房的形式，虽然向业主提供了菜单式精装修方案，但是鉴于轻型木结构建筑的特殊性，业主后期装修带来的拆改可能导致主体结构受损，并影响结构的安全，因此需要专业人员在后期进行跟踪和配合。同时，这种方式也不利于木结构优势的发挥和集成化程度的提升。这也是项目存在的最大不足之处，在今后项目建设中，积极采用全装修交房的方式，创新装配化装修和菜单式装修。

（2）多种建筑节能技术在项目中的应用增加了建筑的建造成本，不利于技术的推广，下一步在跟踪记录运行数据的同时，应尽快将技术本土化，以降低建造成本，推动技术推广应用。

【专家点评】

　　1）中加生态示范区项目是中外政府间合作项目的典范

本项目是中华人民共和国住房和城乡建设部与加拿大自然资源部合作的示范项目，其合理规划和顺利实施是中国引进先进木结构建筑形式的良好示范，也是对中国绿色建筑建设形式的有力补充。

　　2）中加生态示范区项目是中国城市低碳发展的示范

近年来，针对全球气候变化应对和联合国可持续发展目标，绿色低碳已成为世界各城市的发展方向，也将是未来几十年中全球各城市发展的重要追求目标。欧美等发达国家已相继建设了各具特色的低碳城市的示范，本项目可为我国低碳城市建设提供示范，为木结构在低碳城市建设中的具体应用提供经验。

　　3）中加生态示范区项目因地制宜、管理严密，具有科技引领和创新意识

项目设计和建设充分考虑了当地的气候特征、生态环境、地理地貌、文化特点特色等因素，设计新颖合理。项目设计、施工采取中外团队合作的方式，组织严密合理，加方政府派驻专家可进一步保证建设质量。项目运用了加拿大轻型木结构技术，以及 Super E、BIM 等先进节能及建造技术，对现代木结构技术的发展起到示范引领作用。此外，项目从建造形式、组织管理和运营模式等方面都具有卓越的创新意识，可为国内木结构项目建设提供有益参考。

总之，该项目在建筑设计、构件加工、施工管理等方面都采用了较为先进的技术，体现了装配式建筑的优势和特点，但在内装修的装配方面没有更深一步的探索。建议在今后项目中，结合 SI 等技术实现从建筑主体到装修的全装配化。

（高颖：北京林业大学，学生处副处长，副教授）

案例编写人：

姓名：潘艳茹

单位名称：天津泰明加德低碳住宅科技发展有限公司

职务或职称：设计部主管、高级工程师

第4章 技术体系之二：原木方木结构技术体系

【案例3】 江苏省绿色建筑博览园展示馆——木营造馆

本项目是国内首座具有展示和办公功能，集成多种绿色建筑示范技术的木结构建筑。项目建筑面积2161m²，北侧展示厅为一层（局部两层），南侧办公楼为三层，中间以中庭相连，功能布局合理，交通流线简单明了。项目采用生态建筑材料——木结构作为承重和围护体系，轻、重木结构承重体系与仿生树形支撑结构体系的综合运用不仅体现出结构形态美，更展示了木结构承重体系的多样化适用性。项目采用中庭绿化、屋顶绿化、太阳能光伏发电等多种绿色生态集成技术，达到了二星绿色建筑的目标。项目设计与制造阶段采用BIM信息技术，实现了设计与建造一体化的融合。项目应用装配化技术，木结构框架梁、柱均采用工厂生产、现场装配的方式，提高了施工效率，减少了施工污染，实现了绿色施工。

1 工程简介

1.1 基本信息

(1) 项目名称：江苏省绿色建筑博览园展示馆——木营造馆
(2) 项目地点：常州市武进区延政西大道19号江苏省绿色建筑博览园
(3) 开发单位：江苏武进绿锦建设有限公司
(4) 设计单位：南京工业大学建筑设计研究院
        江苏营特工程咨询设计管理有限公司
(5) 施工单位：常州南下墅建设有限公司
        苏州汉威木结构工程有限公司
(6) 构件加工单位：中意森科木结构有限公司
(7) 进展情况：2015年9月竣工

1.2 项目概况

江苏省绿色建筑博览园展示馆——木营造馆位于常州市武进区延政西大道19号，江苏省绿色建筑博览园内，占地2.6亩，建筑面积2161m²。北侧为一层展示厅（局部两层），南侧为三层办公楼，层高4.2m，总高度13.15m。建筑主体采用重型胶合木梁柱结构，树形柱和大跨梁的运用充分展现了木结构的现代感及形态美（图4.1）。同时，本项目集成了生态绿植配置技术、太阳能光伏技术、节能空调与门窗等多项绿色生态技术，达到了绿色建筑二星级的设计要求。

图4.1 项目效果图与实景

1.3 工程承包模式

本项目采用工程总承包模式，其中木结构施工部分进行专业分包。

2 装配式建筑技术应用情况

2.1 建筑设计

1）平面功能

本项目平面按照功能要求分为三个区域，北侧为展示厅（局部二层），南侧为办公楼（三层），西侧为设备与附属用房。南北区域通过中间回廊和平台连接，楼入口布置在建筑东南侧，避免了各功能区的流线交叉。中庭设置了一部小型电梯，方便人员到达和货物运输。

本项目在建筑东侧二层设置了大平台，连接南侧办公楼和北侧展厅，人流可通过东侧底层大楼梯上到平台（图4.2）。

2）建筑造型

由于本项目建筑功能主要分为三个区域，因此在形体设计时，采用南、北、中三个体块穿插而成，南北体块采用坡屋顶，中部采用平屋面，造型简洁而富有变化。北侧展厅东、西立面将胶合木梁、柱与斜撑等结构构件外露，结合大面木挂板，体现了简洁的线面组合效果。北入口立面采用大片落地玻璃窗，充分考虑了展厅日照需求。南侧办公区域立面门窗设置整齐富有韵律，屋顶采用胶合木三角形屋架形式，既有利于组织排水，又丰富了立面造型。东侧大平台采用仿生树形柱支撑结构，结构形态优美。项目立面、剖面图如图4.3所示，项目实景如图4.4所示。

3）建筑材料

本项目承重构件均采用胶合木。胶合木是以 20～50mm 厚的木层板，利用高性能的环保胶，经过干燥、指接、涂胶、加压等流程生产而成的工程复合木（图4.5），相比传统原木，胶合木构件通过胶合可以形成原木不易获得的大截面构件，同时由于进行了应力分级，其强度、抗变形能力有明显提升。

4）建筑构造

（1）墙体构造

本项目采用木骨架复合墙体，由规格材木龙骨、木基结构板、石膏板、保温材料、饰面材料等组成（图 4.6）。通过在木龙骨内填充保温棉，外贴防火石膏板，可将建筑的保温隔热性能提高 30% 以上。

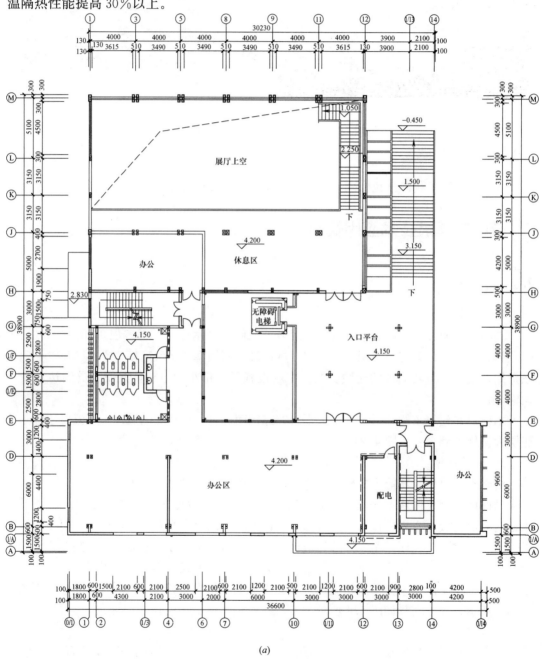

（a）

图 4.2 二层、三层平面图（一）

（a）二层平面图

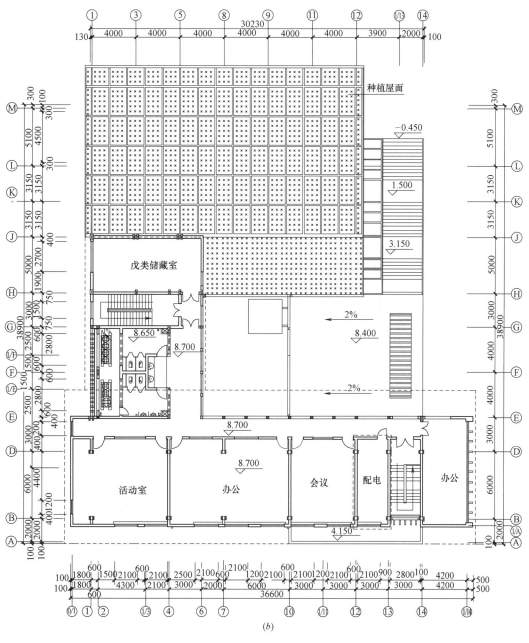

图 4.2　二层、三层平面图（二）

（b）三层平面图

（2）楼板构造

本项目楼板采用预制木搁栅楼盖，在规格材木搁栅上铺木基结构板，下钉防火石膏板，木搁栅间填充玻璃棉等隔声保温材料，为防止震动噪声，木基结构板表面浇筑了40mm 厚细石混凝土，面层根据不同使用要求采用木地板、地砖等做法（图 4.7）。

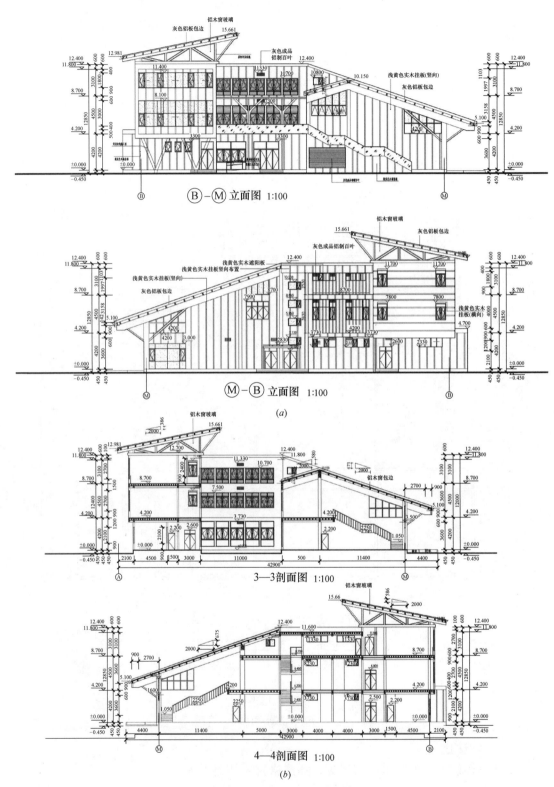

图 4.3　项目立面、剖面图
（a）立面图；（b）剖面图

图 4.4　项目各方向实景

（a）南侧办公楼；（b）北侧展示厅；（c）东侧带树形柱平台；（d）西北立面

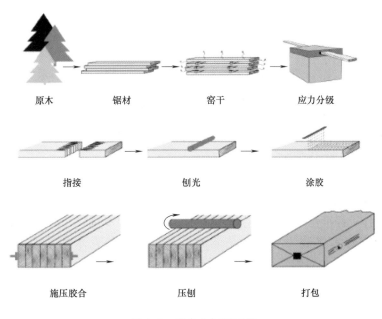

原木　　　　锯材　　　　窑干　　　　应力分级

指接　　　　刨光　　　　涂胶

施压胶合　　　压刨　　　　打包

图 4.5　胶合木加工工艺

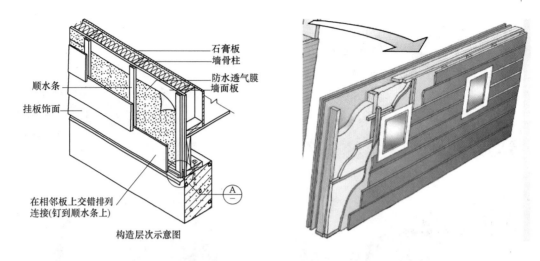

图 4.6　木骨架墙体构造图

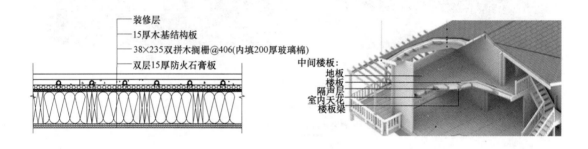

图 4.7　楼板构造图

（3）屋盖构造

本项目南侧三层办公区域屋面承重采用胶合木三角形屋架，上铺木结构屋面层和防水保温层，外侧覆盖 1.0mm 厚铝镁金属屋面板 [图 4.8（a）]。北侧展示厅屋面采用了屋顶绿化，是目前国内木结构屋顶首次采用屋顶绿化的项目 [图 4.8（b）]。屋面防水采用双层自粘式高聚物改性沥青防水卷材，并设置木质挡土条。屋顶绿化设计了以工程塑料为材质的模块单元，单元尺寸为 515mm×455mm×80mm，包括框架支撑系统、模块种植系统、智能灌溉系统等。

5）标准化设计

（1）结构构件标准化

本项目制作了标准化的构配件，北部展示厅采用 6 榀双拼胶合木框架结构，每榀跨度均为 16.4m，胶合木梁截面为 210mm×800mm，双拼胶合木柱截面为 2～170mm×600mm，高度随着屋面起伏略有改变。梁柱连接形式基本一致，跨中采用双柱夹梁，其他处采用单柱与梁连接，符合标准化设计要求。

南部办公楼木结构梁、柱、桁架类型一致，均按照标准化构配件进行设计（图 4.9）。二层平台处树形柱由四片规格相同的胶合木弧形构件拼接而成（图 4.10）。

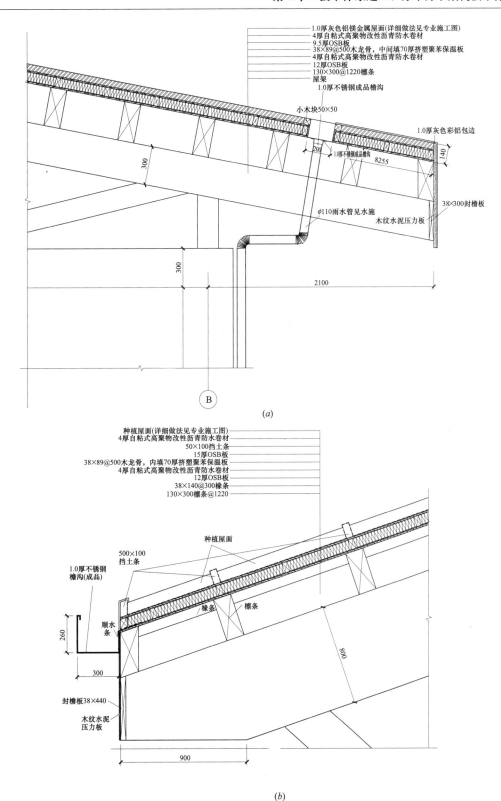

图 4.8　屋盖构造详图

（a）南侧办公楼金属屋面；（b）北侧展示厅种植屋面

图 4.9　标准木构件装配施工现场

图 4.10　标准化树形柱

（2）连接节点标准化

本项目主要胶合木柱脚节点、梁柱节点、木桁架与胶合木梁节点均按标准化进行设计。胶合木梁端开槽打孔形式仅与梁高有关，且所有柱脚采用基本铁件单元相互组合形成不同的节点连接，大大减少了节点形式。柱脚连接植筋节点如图 4.11 所示，梁柱连接节点如图 4.12 所示。

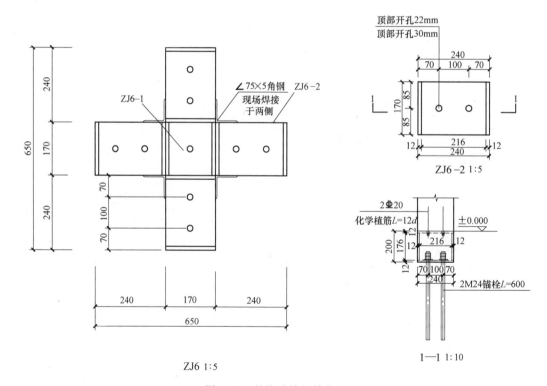

图 4.11　柱脚连接植筋节点

6）建筑节能设计

（1）保温遮阳一体化铝合金门窗围护系统

本项目集成了内置百叶中空玻璃（图 4.13）、温控变色遮阳玻璃、铝合金卷帘一体化内平开标准窗（图 4.14）等多种遮阳维护系统技术。其中，中空玻璃是双面钢化玻璃，更具安全性，无论夏天还是冬天，可通过调整百叶帘角度来遮阳或采光，使空调能耗大幅

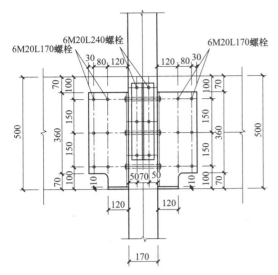
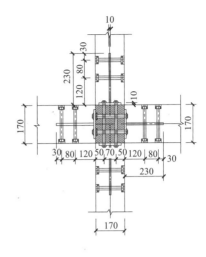

图 4.12　梁柱连接节点

降低；温控变色遮阳玻璃则将门窗和外遮阳系统一体化，不仅不影响建筑物外立面，同时更易维修、清洁、使用寿命更长、节能效果更佳；铝合金卷帘一体化内平开标准窗在夏天完全放下卷帘后，可以阻挡几乎所有太阳辐射热进入室内，而适当开启后，可利用自然通风带走帘片上的热量，也方便增加室内照度。

图 4.13　内置百叶铝合金标准化外窗

图 4.14　铝合金卷帘一体化外窗

（2）再生能源利用技术

本项目南侧办公楼屋面设置了光伏电板，每块板尺寸为 1600mm×900mm，单块板装机容量为 250W，整体装机容量为 3kW，系统效率 80％，实现了太阳能光伏综合利用与建筑的一体化设计。

（3）生态绿化综合技术

本项目采用了屋面模块化覆绿系统、中庭绿化、垂直绿化、室内绿化等多种生态绿化植物配置技术（图 4.15），具有改善室内气温、形成生物气候缓冲带、净化空气、降低噪声、延长建筑物寿命、减缓风速和调节风向等作用。其中，北侧展示厅屋顶采用以佛家草为主的草坪式绿化，是国内木结构建筑的首次应用，是本项目的重要特色之一。

屋顶绿化不仅可以提高城市绿化覆盖率，创造空中景观，吸附尘埃，减少噪声，减少城市热岛效应，而且可以缓解雨水屋面溢流，减少排水压力，从而有效保护屋面结构，延长防水寿命。

 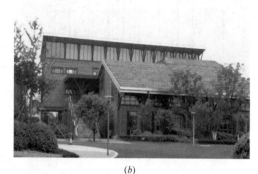

(*a*)   (*b*)

图 4.15　项目生态绿化配置实景

(*a*) 中庭绿化；(*b*) 绿植屋顶

（4）智能感知型低能耗健康空调系统

本项目选用多联一拖多空调系统，室内机主要采用了中静压风管式、环绕气流嵌入式、智能感知环绕气流嵌入式等类型，并配有控制系统和新风系统。该系统可以智能感知室内人员活动情况，提升舒适感。远程操控系统 DS-AIR，可借助 Android 界面或者 i-phone 界面远程操控空调。系统选用带有去除 PM2.5 功能的全热交换器，对直径≥10um 的可吸入颗粒物去除效率达到 95％以上。

7）防火设计

本项目作为国内最大的木结构综合办公、展示建筑之一，其防火设计尤为重要。首先，项目整体上按照《建筑设计防火规范》GB 50016—2014 的要求进行了防火分区设计；同时，木构件按照《木结构设计规范》GB 50005—2003 进行了抗火设计，其燃烧性能和耐火极限达到了《建筑设计防火规范》GB 50016—2014 表 5.5.1 的要求。

本项目在室内外设置了消火栓和消防给水系统，在园区内一栋最高建筑的屋顶设置了一套箱泵一体化消防增压稳压给水设备，其消防水箱有效容积为 18m³。并设置了集中报警系统。消防控制室内设置了联动控制台，通过手动硬线直接控制，可实现对消火栓系统、自动喷水系统控制。项目所有空调、通风系统均按防火分区划分。一层展厅在 1/2 高度以上设置电动排烟窗，失火时，通过消控信号和现场手动均可开启。

8）耐久性设计

本项目在耐久性设计上主要从防腐和防潮两个方面采取了相关技术措施。设计上，要求木材的含水率要控制在 15％～18％的范围内。对室内外露木构件，表面涂刷两遍木材专用油性防护涂料，并建议每隔 5 年进行一次表面维护，以提高其耐久性能；对外墙内部木龙骨，构造上形成竖向联通空腔，保证了木构件的通风干燥，从而降低木构件腐朽的风险。

2.2　结构设计

1）木框架—剪力墙结构体系

本项目南部办公区域采用胶合木框架—剪力墙结构体系（图 4.16）。该体系兼有框架体系空间布置灵活的优势，又具备剪力墙体系良好的抗侧性能，适用于各种大、小空间组合的公共建筑。

本项目中的框架由胶合木梁、柱组成，主要承受竖向荷载；剪力墙采用轻木剪力墙，由木骨架和木基结构板组成，承受主要水平荷载。墙骨柱设置在墙体中间，木基结构板或石膏板覆盖在墙体两侧。

图 4.16　胶合木梁柱框架—剪力墙结构体系

2）仿生树形支撑结构体系

本项目采用的树形支撑体系具有优美的仿生造型（图 4.17），由树形多点支撑代替传统柱的单点支承，实现力从上到下、从分散到集中的汇聚过程，做到了力与形的完美结合。树形柱设置在入口处，自一楼伸至二楼平台，并向四个方向对称发散，如天然树枝自

图 4.17　树形支撑柱

77

由生长至屋面，支撑二楼平台雨棚，实现了主入口平台处开阔的空间布置，满足了人流驻足观景、疏散的要求。

3）节点设计

本项目木构件连接均采用钢连接件，其中树形柱胶合木柱脚采用新型专利技术——装配式植筋连接节点，双拼柱柱脚采用钢填板螺栓连接，减少了安装误差，降低了安装难度。梁柱节点采用双柱夹梁，通过钢板螺栓连接，现场安装效率大大提升。预制墙板现场与主体胶合木梁、柱采用螺栓、木螺钉等形式连接，安装简便，利于施工（图 4.18）。

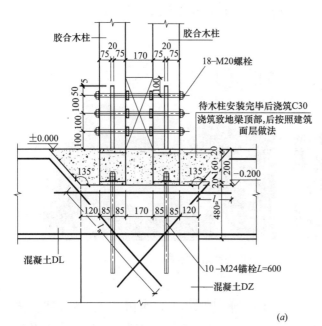

(a)

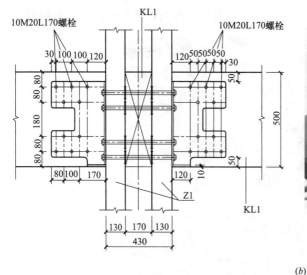

(b)

图 4.18　主要连接节点大样及实景

（a）双拼柱柱脚连接节点；（b）双柱夹梁连接节点

4）抗震设计

本项目场区抗震设防烈度为 7 度（0.1g），场地特征周期 0.35s，工程重要性系数为 1.0。采用有限元软件 Midas/Gen V8.0.0（迈达斯）进行建模分析（图 4.19）。模型中梁、柱、檩条、搁栅等构件采用梁单元模拟，拉索采用只受拉单元模拟。柱脚节点、梁柱节点设置为刚性连接节点，搁栅、屋面檩条节点视为铰接。屋面荷载通过板单元施加。

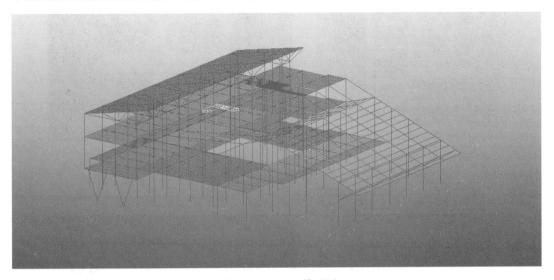

图 4.19　Midas 模型图

对结构在地震荷载和风荷载作用下，整体侧向变形进行计算分析（图 4.20）。

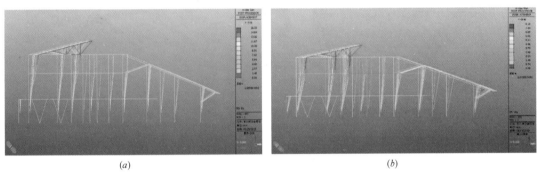

(a) 　　　　　　　　　　　　　　　　　　　　 (b)

图 4.20　建筑侧向变形分析图

(a) Ey 工况下结构侧向变形（最大值 16.33mm）；(b) Wy 工况下结构侧向变形（最大值 8.18mm）

结果表明，在地震荷载作用下，各种工况的最大位移值都满足《多高层木结构建筑技术标准》GB/T 51226 相应要求。

2.3　设备管线系统技术应用

木结构建筑中的设备管线分为隐蔽和暴露两种。在轻木结构体系中，由于木构件截面小，需覆盖防火石膏板满足防火要求，墙体、吊顶内的设备管线都是隐藏的，本项目墙体中的电气、排水管线布置在木龙骨间（图 4.21），外侧固定防火、防水石膏板。在重木结构体系中，木构件截面较大，进行了抗火设计，构件可以直接暴露（图 4.22），因而设备管线可以沿着木构件进行布置，本项目空调和消防管线系统悬挂在木构件下方，金属的管道与温暖的木质构件形成自然对比，协调而富有装饰感。

 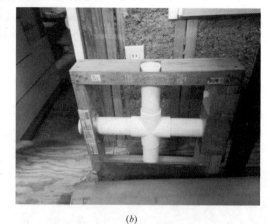

(*a*)　　　　　　　　　　　　　　　(*b*)

图 4.21　木骨架墙体内管线预埋

(*a*) 电气管线预埋；(*b*) 排水管线预埋

(*a*)　　　　　　　　　　　　　　　(*b*)

图 4.22　木构架下露明管线

(*a*) 露明风管管线；(*b*) 露明消防与通风管线

2.4　装饰装修系统技术应用

1）结构构件

本项目胶合木梁柱通过抗火设计与刷防火涂料达到了防火要求，因而可直接暴露在室内，这充分展示了木构件的优美结构形态与材质的温暖亲和（图 4.23）。

2）围护结构

本项目内外围护结构均为木骨架墙体，外墙采用木骨架复合墙体外挂木质装饰板（图4.24）；内墙采用木龙骨两侧覆盖防火石膏板以满足耐火要求，表面涂饰面层涂料或外挂木质装饰板（图 4.25）；卫生间内墙是在木骨架复合墙体外侧铺贴瓷砖饰面。

图 4.23 露明木构件的结构装饰效果

图 4.24 外立面木挂板

图 4.25 内墙木饰板

2.5 信息化技术应用

本项目运用 BIM 技术进行精细化设计，在构件数量统计、碰撞检测等方面体现较大优势，提高了设计质量及后期施工效率（图 4.26）。

<结构框架明细表>			
A	B	C	D
长度	体积	结构材质	合计
3700	0.67	木质 - 木料	30
5799	1.42	木质 - 木料	12
5600	1.07	木质 - 木料	4
7899	1.42	木质 - 木料	8
7900		木质 - 木料	28
7902	1.80	木质 - 木料	6
10000		木质 - 木料	73
12100		木质 - 木料	28
13300	1.48	木质 - 木料	1
16300		木质 - 木料	79
16600	1.48	木质 - 木料	23
20500		木质 - 木料	133
22600		木质 - 木料	21

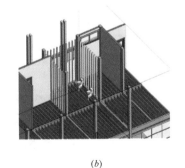

(a)   (b)   (c)

图 4.26 BIM 软件应用示意图（一）

（a）构件算量统计；（b）管道碰撞检查；（c）整体 BIM 模型图

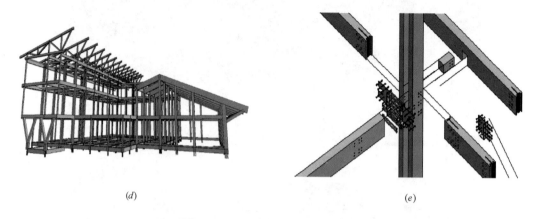

(d)　　　　　　　　　　　　　　　　(e)

图 4.26　BIM 软件应用示意图（二）

(d) 构件整体装配图；(e) 装配式节点连接图

在构件数量统计方面，项目应用 BIM 技术中"构件与图纸实时同步"的功能统计算量，避免了以往对照二维图纸进行构件统计带来的工作量大、统计复杂以及校核难度大等问题。

在碰撞检测方面，利用 BIM 技术尽早将碰撞点反馈给设计人员，显著减少由此产生的后期变更，提高了现场施工的效率，避免了返工。

3　构件加工、安装施工技术应用情况

3.1　木构件加工制作与运输管理

1）木构件加工制作

本项目木构件的加工通过建立木构件、连接件的整体三维模型来进行拆分设计，根据拆分图纸安排木构件、连接件生产。复杂构件借助于 CADWORK/SEMA 等软件生成加工文件后，由 CNC 加工中心设备自动选择刀头完成构件的切削、开槽、打孔等精加工。构件加工设备如图 4.27 所示。

2）木构件运输管理

图 4.27　木构件数字化加工设备

本项目胶合木木构件尺寸较大，最长的梁达到了 16m，工厂在加工过程中提前确定好制造方案，确保各工序工种按图按质精确作业，同时与有大件运输经验的物流公司合作，确保木构件安全准时运达施工现场。

3）木构件堆放管理

材料进场后要安排专门场地放置，木构件要垫高，并防止外保护膜破损（图 4.28）。

构件涂装后进行临时围护隔离，防止踏踩，损伤涂层；在 4 小时之内遇有大风或下雨时，应加以覆盖，防止沾染尘土和水汽，影响涂层的附着力；构件需要运输时，要注意防止磕碰，防止在地面拖拉，防止涂层损坏；涂层后的木构件勿接触酸类液体，防止损伤涂层。

图 4.28　木构件堆放现场

3.2　装配施工组织与质量控制

本项目木结构主体部分按照装配式施工要求和程序进行（图 4.29），现场项目经理、质量员同监理一道对每个安装过程和节点进行严格把控。

首先根据图纸，确定胶合木立柱与混凝土基础连接的预埋件位置。根据放线标志，安装柱脚连接件，要求柱脚中心线对准柱列轴线，偏差不超过 ±20mm，高度误差不超过 ±10mm（柱高 $\leqslant15$m）、±15mm（柱高 >15m）。并对胶合木构件根据图纸进行复核，对构件的外形尺寸、拼接角度、预留孔位置、表面处理等进行全面检查，在符合图纸设计文件及相关标准要求后方能进行吊装，柱全高误差不超过 ±2mm（$L\leqslant2$m）、$\pm0.01L$mm（2m$<L\leqslant20$m）、±20mm（$L>20$m）。

胶合木构件在现场需要集中堆放，按施工顺序将构件运到施工区域组装施工。木构件采用软绳进行吊装，以避免破坏木材，绳索应满足起吊高度、吊点、重量要求。局部吊机施工不到的区域，搭设活动脚手架人工安装胶合木构件。

(a)　　　　　　　　　　　　　　　　　(b)

图 4.29　木结构施工安装实景（一）

(a) 立柱；(b) 架梁

图 4.29　木结构施工安装实景（二）

（c）梁柱安装；（d）树形柱安装；（e）木框架安装；（f）屋面安装；（g）整体安装完成

4　效益分析

4.1　成本分析

由于目前木结构建筑在国内应用较少，因而其成本相对于混凝土和钢结构略高，但是从全生命周期的使用成本来衡量，木结构建筑的成本并不比其他结构形式高。

（1）本项目采用工厂化预制生产建筑构件和连接件，重量轻，现场施工效率较高，施工工期较短，是同类混凝土结构的 1/2、钢结构的 2/3，降低了施工成本，提高了资金周转率。

（2）本项目采用的木结构墙体，在相同能耗水平下其厚度比砖、混凝土墙体小，能够节约材料成本，同时由于本项目房屋管线均设在墙体或楼板内，增加了建筑有效使用空间，从而提高了投资回报率。

（3）在建造主体结构时，本项目把管道布线等隐蔽工程全部完成，门窗、地板、橱柜等室内装修部分也连同建筑一体化施工，与目前大多数钢筋混凝土的毛坯房相比，无需再投入更多的装修费用，节省了装修成本。

（4）在同样厚度的条件下，木材的隔热值比标准的混凝土高 16 倍，比钢材高 400 倍，因而本项目具有良好的隔热能力，将会大幅降低后期采暖、空调的用能支出。

4.2　用工、用时分析

本项目采用木结构构件，其自重轻，密度是混凝土的 1/5、钢结构的 1/16，因而现场施工对起重设施要求较低，吊装效率高；同时木构件和连接件大多按照标准化设计，工厂加工效率高，现场安装简便，且缩短了安装时间，减少了现场用工。据测算，本项目木结构主体安装仅耗时 35 天，用工 700 余工日，相比同类型混凝土结构可缩短 1/2 的工期，相比钢结构可缩短 1/3 的工期。

4.3　"四节一环保"分析

1）节能

本项目设计中体现了多种节能技术，如太阳能光伏发电板、低能耗空调系统、保温遮阳一体化围护系统等。建筑节能设计满足《公共建筑节能设计标准》GB 50189 以及地方相关标准、规范的要求，节能率达到了 65%，每年平均可以减少 8t 燃煤。

2）节地

本项目建筑容积率≥1.5，建筑有中庭花园，场地四周种有绿植，向社会公众开放，绿地率≥35%；建筑北侧展示厅屋面采用大跨木结构种植屋面体系，提高了绿化覆盖率，从而节约了用地。

3）节材

本项目建筑外形较规则，建筑内部公共部位的墙体内侧采用石膏板外刷涂料或者挂饰面板，实现了土建与装修一体化。建筑主体 90% 以上的部分采用标准化预制胶合木构件，材料利用率高，可循环再利用。

4）节水

本项目的给水排水系统设置合理、完善、安全，卫生间采用节水器具，建筑北侧屋面为种植蓄水屋面，可用来灌溉景观绿化，据测算，项目可节约用水 30%。

5）环境保护

项目采用的工厂预制、现场安装的建造方式，有效减少了对施工现场的污染，实现了绿色施工，保护了现场环境。据测算，项目建设减少了 $180tCO_2$ 的排放，产生了较好的环保效果。

5 存在不足和改进方向

5.1 不足之处

（1）本项目墙体中木质剪力墙和隔墙、卫生间等未采用模块化设计，未来可结合各专业，采用一体化集成设计技术，以进一步提升现场施工效率，减少施工成本和缩短工期。

（2）BIM技术未全面运用到本项目施工现场管理、后期运营中。未来此技术的应用将使构件现场装配、后期维护的效率大大提升。

5.2 改进方向

（1）完善以BIM为核心的信息化技术集成应用，从工厂精确加工到现场无损高效安装和后期运营管理，真正做到全过程运用BIM技术来控制和服务。

（2）完善各项绿色节能技术，如被动式超低能耗技术、地源热泵等的集成应用，使整栋建筑综合节能率达85%。

【专家点评】

江苏省绿色建筑博览园是国内首个绿色建筑主题公园，集中了一批各具特色的绿色建筑与装配式建筑示范案例，以协同创新和集成应用的方式，综合运用了海绵城市、生态景观、清洁能源以及大数据平台监测管理系统等技术，树立了当代绿色建筑发展、绿色生产生活方式的示范标杆。

其中，以装配式木结构为技术特色的木营造馆就是其中的典型代表，该馆创新地融合木框架、木桁架、木空间结构（树形结构）、木剪力墙（木骨架组合墙体）等多种装配式木结构类型，综合应用植筋连接、螺栓连接等多种连接方式，结构集成创新程度高；同时应用建筑信息化技术（BIM）对本工程进行精细建模分析、指导施工建造，大大提高了工程设计与建造效率，形成了基于BIM技术的设计、施工一体化工作流程；并在此基础上，还运用再生能源、立体绿化、智能健康空调系统等绿色建筑技术，进一步提升了本工程的绿色建筑品质。

总的来讲，该馆的设计与建造集成应用了一批国内先进的木结构技术以及绿色建筑技术，凸显了现代木结构在装配式建筑与绿色建筑发展中的显著优势，创造了良好的社会效益与经济效益，形成较好的社会影响力与示范意义。木营造馆完全契合"四节一环保"的绿色建筑要求，在室内环境调节方面具有显著优势，为今后建设更加低碳绿色的木结构建筑积累了宝贵经验。

不过，木营造馆受当时设计建造条件的限制，一体化设计、模块化建造等装配式建筑技术应用尚不完善，未能形成更高水平的装配率。但瑕不掩瑜，这些并不影响木营造馆成为近年来装配式木结构建筑之佳作。

同时，作为以木结构为技术特色的绿色建筑如能在建筑空间组合、结构优化、材料表达上深入研究与应用，突出木结构在空间营造、文化表达上的优势，继承中华文脉、体现时代特色等方面予以加强，使其成为新时代中国木结构建筑的发展标杆。

（刘杰：上海交通大学，副教授，博士生导师，木建筑设计与研究中心主任）

案例编写人：

姓名：程小武

单位名称：南京工业大学

职务或职称：木结构设计所所长、副教授

【案例4】 漠河乡元宝山庄

漠河乡元宝山庄位于国家5A级旅游景区——黑龙江省大兴安岭地区漠河市北极村，建筑面积1618.45m²。建筑主体采用重型井干式胶合木集成墙体结构，局部应用集成空心木柱、集成木梁、弧形梁。作为一栋高端旅游接待型建筑，项目全部构配件均为预制。项目主要构件采用兴安落叶松，该材料具有材质坚韧、纹理细、纤维长、密度大、耐腐朽、质色美等优点。同时，项目采用了墙体端头盖板、PE板等创新技术，以及木构件防火、防腐、防虫等防护措施，使结构稳定持久。项目采暖、强弱电、给水排水等配套设计均体现了节能、环保等最新设计理念，降低了项目总体成本，性价比更高。框架梁、柱均采用工厂生产、现场装配的方式，结合先进的管理经验，提高了施工效率，减少了施工污染，实现了绿色施工。

1 工程简介

1.1 基本信息

（1）项目名称：漠河乡元宝山庄

（2）项目地点：黑龙江省大兴安岭地区漠河市北极村

（3）开发单位：大兴安岭国林旅游公司

（4）设计单位：大兴安岭神州北极木业有限公司

（5）施工单位：大兴安岭神州北极木业有限公司

（6）构件加工单位：大兴安岭神州北极木业有限公司

（7）进展情况：于2015年6月竣工，已完工交付使用

1.2 项目概况

项目是漠河市政府和大兴安岭国林旅游公司联合打造的北极村冰雪旅游示范项目之一，旨在展示大兴安岭原始森林木屋特色，倡导自然亲和、低碳环保的现代生活理念，并促进地区旅游经济发展。项目于2015年6月竣工，建筑面积1618.45m²，主体采用重型井干式胶合木集成墙体结构，局部应用集成空心木柱、集成木梁、弧形梁，充分展现了木结构的现代感及形态美。效果图与实景照片见图4.30。项目采用现代设计与生产技术，结构稳定，构件耐老化。

图 4.30 项目效果图与实景

1.3 工程承包模式

项目采用工程总承包模式，木结构设计、生产、施工全部由大兴安岭神州北极木业有限公司完成。

2 装配式建筑技术应用情况

2.1 建筑设计

1) 平面功能

项目平面按照功能要求分为两个区域。一层进门大厅建筑面积 204.7m²，紧邻大厅为接待厅，面积 94.87m²，接待厅外侧的户型玻璃宽敞明亮，窗外景色尽收眼底。大厅左侧为 6 个标准间接待客房，右侧为 4 个豪华套房。二层为贵宾接待区，正对楼梯设置 69.72m² 的候客区，候客区左侧是豪华套房，包括大套房、主卧、次卧、卫生间和衣帽间。豪华套房外侧为一个大型阳台，面积 154.34m²，其中 42.42m² 范围内有遮阳雨篷。候客区右侧为活动室、秘书室、警卫室和一个多功能健身区。冬季取暖和热水供应锅炉房设置在一层。平面图如图 4.31 所示。

2) 建筑造型

项目采用坡面屋顶，中部高两侧低，造型错落有致、简洁而富有变化。一层入户门廊和二层阳台遮阳棚使用胶合木梁、弯梁、空心木柱等结构构件，体现了简洁的线面组合效果。套房和客厅处采用大片落地玻璃窗，二层多功能厅设有屋顶天窗，充分考虑了采光需求。项目全部窗户采用欧式窗造型，美观大方。项目立面图、剖面图如图 4.32 所示、相关实景照片如图 4.33 所示。

3) 建筑材料

项目均采用兴安落叶松，该树种具有纹理细、纤维长、材质坚韧、耐腐朽、质色优美的特点。主体结构是由规格为 200mm×140mm×12500mm 胶合木墙体，经截断、开槽、打孔、喷漆等工序加工而成（图 4.34）。木材用量为 583.81m³，占使用的全部木料的92.5%。内隔墙龙骨使用规格为 38mm×140mm×4000mm 的落叶松板材，天棚板由 12mm×110mm×4000mm 胶合板加工制作。室内外立柱、结构梁、装饰梁、楼梯部件、内墙挂板均采用落叶松胶合木。

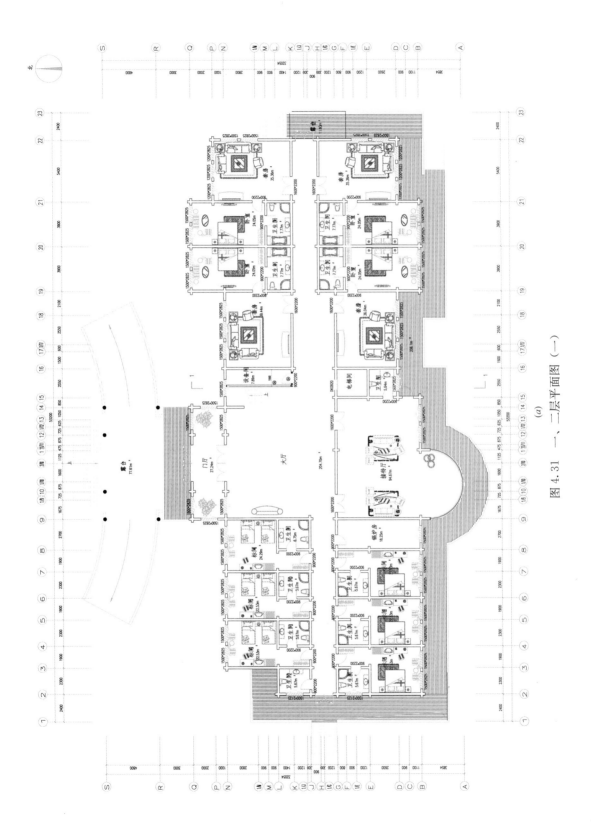

图 4.31 一、二层平面图（一）

(a)

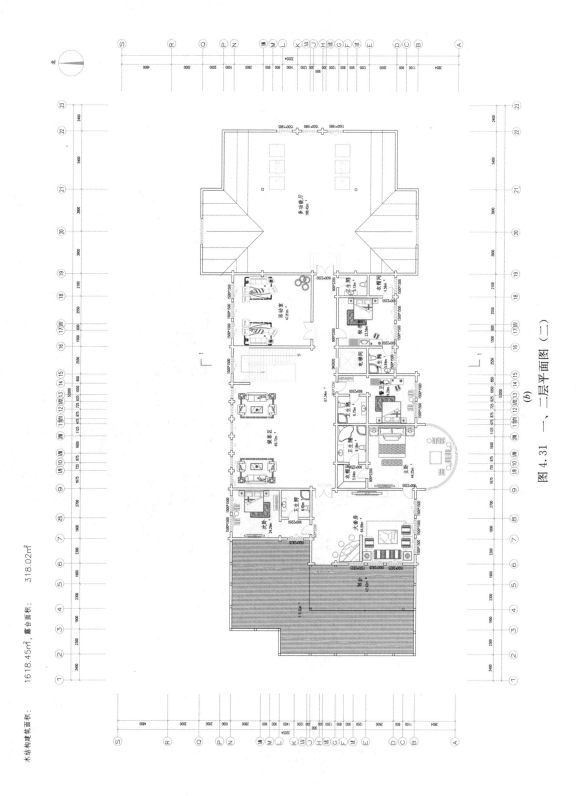

图4.31 一、二层平面图（二）

(b)

辅料为镀锌金属件、立柱连接器、螺栓（规格按图纸设计），1220mm×2440mm×9mm 石膏板、1200mm×600mm×40mm 挤塑板、岩棉（密度≥180kg/m³）等。卫生间地面经防水处理后，使用饰面瓷砖进行铺设。落水系统主要构件采用金属天沟和金属无缝雨水管，材料质量符合相关标准要求。

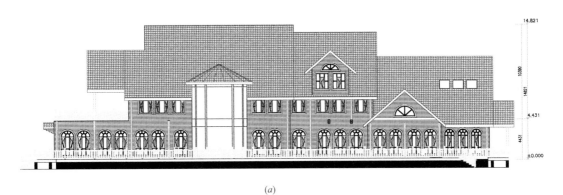

(a)

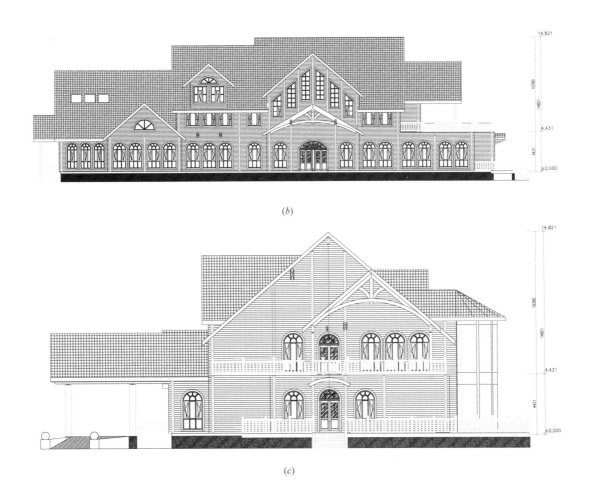

(b)

(c)

图 4.32　项目立面、剖面图（一）

(a) 南立面图；(b) 北立面图；(c) 西立面图

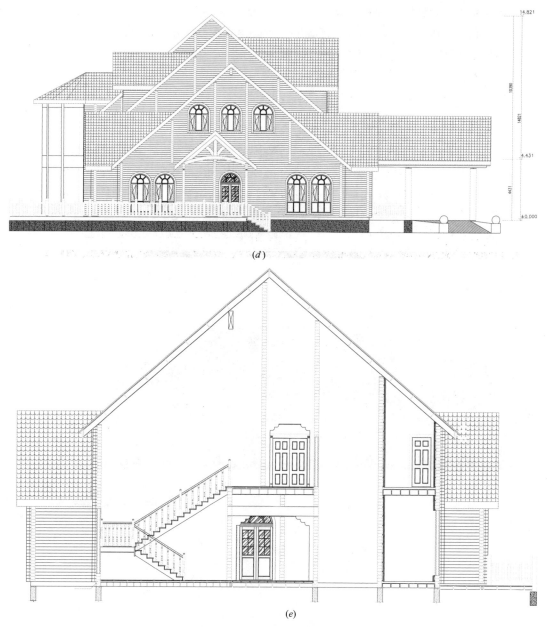

图 4.32 项目立面、剖面图（二）

(d) 东立面图；(e) 东侧面剖面图

4）建筑构造

（1）墙体构造

加工墙体的材料首先经过机械分级（采用机械应力测定设备，对木材进行非破坏性试验，按测定的木材弯曲强度和弹性模量确定木材的材质等级），采用厚度不大于 45mm 的木板叠层胶合而成的截面规格为 140mm×200mm 的胶合木规格材，为确保结构性能符合国家标准《结构用集成材》GB/T 26899 要求，其纵接间距不小于 150mm，层板与层板横拼间距不小于 40mm，如图 4.35 所示。

(a)　　　　　　　　　　　　　　　　　　(b)

图 4.33　项目实景

（a）北面全景；（b）二楼阳台雨篷

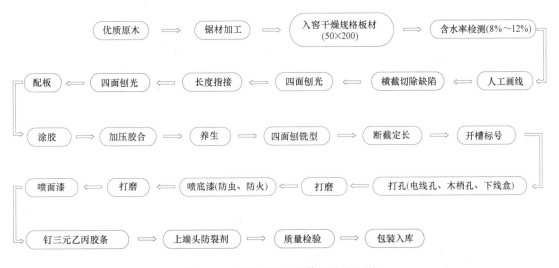

图 4.34　承重木梁、墙体工艺流程图

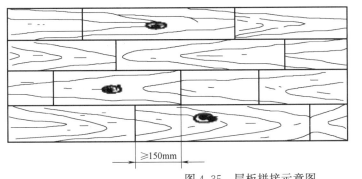
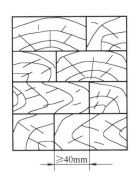

图 4.35　层板拼接示意图

　　面材采用不低于Ⅰb级的落叶松板材，芯材采用Ⅱb级或Ⅲb级落叶松板材。墙体的凸、凹槽相配合，实现上、下层叠搭接的目的，并在凹槽中内置三元乙丙橡胶条，起到密封的效果。规格墙体经过断截、开槽、打孔等工序，在横竖墙搭接处与转角处端部交叉咬合，形成建筑的围护结构。墙体厚度200mm，据测算，其保温性能相当于720mm厚的砖墙。墙体结构与构造如图 4.36 所示。

图 4.36　墙体结构与构造图

（2）楼板构造

项目楼板采用截面为 38mm×190mm 的木龙骨，内置保温、隔声材料，沉沙配重，上铺多层板、呼吸纸、38mm×40mm 副龙骨、胶垫等材料，面层根据不同使用要求采用木地板、地砖等做法（图 4.37）。

图 4.37　楼板构造图

（3）屋盖构造

项目屋面采用 38mm×190mm 椽条，内置保温、隔声材料，上铺多层板、防水卷材、屋面瓦。屋面具体做法如图 4.38 所示。

5）标准化设计

（1）结构构件标准化

墙体由截面尺寸为 140mm×200mm 的规格集成材构成，在生产车间经过铣型、截断、开槽、打孔、喷漆等工序预制完成，然后运至施工现场进行组装（图 4.39）。垂直承重构件采用直径为 300mm 的木柱，并在现场组装（图 4.40）。

① 檐板
② 棚角线
③ 檐下天棚板
④ 室内天棚板
⑤ 多层板
⑥ 塑料布
⑦ 椽条滑动连接件
⑧ 屋顶桁架/椽条
⑨ 保温棉
⑩ 多层板
⑪ 防水卷材
⑫ 屋面瓦

图 4.38　屋盖构造详图

图 4.39　标准胶合木墙体生产

图 4.40　空心胶合木柱

（2）连接节点标准化

项目胶合木的柱脚、梁柱连接节点、木桁架与胶合木梁节点均按国家标准《木结构设计规范》GB 50005 进行设计。胶合木梁端开槽打孔形式仅与梁高有关，且所有柱脚采用基本铁件单元相互组合形成不同的节点连接，大大减少了节点形式。

6）建筑节能设计

（1）保温遮阳一体化实木门窗围护系统

门窗采用三玻（8mm＋10mm＋8mm）中空钢化玻璃，与墙体连接处用耐候胶封闭，以减少室内外的热交换（图 4.41、图 4.42）。屋内布置窗帘起到遮阳作用，降低空调和采暖能耗。

（2）生态绿化设施

项目室外尽可能进行绿化覆盖，室内配置绿化装饰等多种生态绿化植物（图 4.43）。

7）防火设计

原木墙体厚度、紧固体系和结构支撑系统是建筑阻燃防护三要素，本项目墙体结构形态、木构件精准连接及墙体紧固体系，具备较好的防火性能，能够阻止烟气和火焰穿透重木墙体，木构件表层碳化后阻止内层燃烧，保护未燃烧部分继续发挥承重作用。

图 4.41　实木窗结构图

①窗内框脸　　②窗扇　　　③窗外框脸
④窗台板　　　⑤原木墙体　⑥窗套
⑦岩棉

图 4.42　窗安装图

图 4.43　绿植实景

项目主要木构件使用加拿大 NexGenAdvanced 防火涂料处理，其燃烧性能和耐火极限达到了《建筑设计防火规范》GB 50016 要求，经国家固定灭火系统和耐火构件质量监督检测中心检测，墙体耐火极限大于 1 小时，木梁耐火极限大于 1.5h，燃烧性能和耐火极限达到了《建筑设计防火规范》GB 50016 要求。在后期维护过程中，通过淋涂木结构专用防火漆后，木构件燃烧性能达到 B1 级（难燃级），能有效延长保护时间。

8）耐久性设计

本项目在耐久性设计上主要考虑防腐和防潮两个方面：

（1）木材含水率控制在 8%～12% 的范围内，并从构造方式上保证木构件的通风干燥，创造不利于木材腐朽菌和微生物生存的环境，从而降低木构件腐朽的风险。

胶合木构件外表面涂刷两遍国外进口水性涂料，每隔 5 年进行一次表面维护，以提高其耐久性能。

（2）墙体采用端头防裂盖板，使用特制彩钢板加工制作，主体是一个长方形金属板，四角处开有倒角，金属板的背面四周边设置有 15mm 的折弯，可以对墙体端头形成保护并起到抓牢固定的作用，保护期限可达建筑终生。

（3）同时，基础垫木采用基础泛水板防护（图 4.44）。

图 4.44 木屋墙体端头防裂盖板及基础泛水板

2.2 结构设计

1）井干式结构体系

本项目的三大结构部件为重木墙体、木结构楼面格栅及木桁架屋面体系。胶合木井干式结构体系，墙体既是维护结构，又是建筑的主要承重结构。基本建造方法是将原木加工后嵌接成长方形的框，然后逐层制成墙体，层层相叠作为墙壁，形如古代井上的木围栏，这种外观厚重的木结构建筑广泛应用于森林资源丰富的东北林区。错层井干式木屋的楼面采用间距为 406mm 的规格材，屋顶结构通常采用屋脊梁与轻型木桁架结合的屋面体系，如图 4.45、图 4.46 所示。

图 4.45 井干式结构室内墙体图

2）荷载情况及连接节点设计

项目楼盖采用按一定间隔布置的规格材楼面，规格材截面根据楼面跨度、活荷载情况而定，高度为 185～235mm；楼盖搁栅上方密铺 OSB 板。

图 4.46 井干式结构屋脊结构图

各类不同功能房间的楼面、屋面活荷载见表 4.1。

风荷载：黑龙江省漠河市 50 年基本风压 $0.3kN/m^2$。

地震作用：该场地位于漠河市北极村，根据当时国家标准《中国地震动参数区划图》GB 18306—2015 第 1 号修改单的要求，场地设防烈度为 6 度，地面加速度 0.0 5g，乙类建筑。结构支撑与连接节点设计详图如图 4.47 所示。

活荷载情况表（单位：kN/m^2）   表 4.1

不同功能房间	客房、会议室	门厅、走廊、楼梯、餐厅	厨房	活动室	屋面（不上人）	屋面（上人）
活荷载	2.0	2.5	4.0	5.0	0.5	2.0

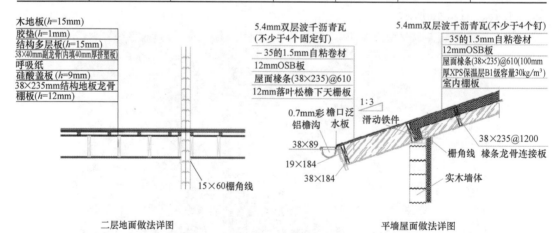

图 4.47 结构支撑与连接节点设计详图

3）结构材料

项目木结构所用木材包括规格材及各类工程木。

规格材选用时要求承重墙的墙体木材采用兴安落叶松，楼板搁栅、窗过梁及屋面搁栅木材达到Ⅲc 及以上。本项目中所使用的结构材名称、含义及其含水率要求见表 4.2。

结构所用螺栓为 4.6 级普通螺栓；锚栓由强度等级为 Q235B 的圆钢制成；所用钉子

为直径 3.3mm 及 3.7mm 的钢钉，采用不同规格长度，以满足不同打入深度的要求。

木结构用材及含水率要求　　　　　　　　　　　　　　　　　　　　　　表 4.2

材料名称	含　　义	含水率(%)
SPF	进口云杉、松、冷杉结构材统称,强度等级Ⅲc级	≤18
ACQ	SPF 经防腐处理后的木材,强度等级Ⅲc级	≤18
OSB	木基结构板材	≤16

4）抗侧力设计

屋顶椽条与墙体之间用镀锌金属件连接，确保屋顶与墙体连接稳固不发生位移，墙体与室内结构梁之间采用大型金属连接件与 8.8 级热镀锌细杆双头螺栓（直径 20mm）连接，构成墙体的原木构件之间通过木销钉进行加固，以确保墙面平直与墙体稳固。另外，在转角部位安装紧固件，采用通长螺杆将墙体从上端到最底层贯通固定，以防止墙体受到强风等水平推力时，松垮散落，原木构件之间有密封胶条、金属连接件等附件。连接节点与抗侧力设计图见图 4.48。

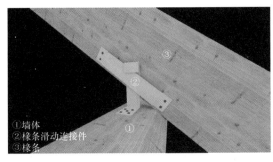

屋顶椽条连接节点图

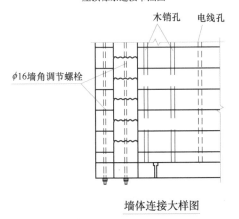

墙体连接大样图

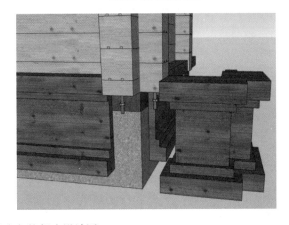

大梁与墙体连接节点图

图 4.48　连接节点与抗侧力设计图

2.3　设备管线系统技术应用

1）暖通技术应用

项目采暖系统为低温热水地板辐射采暖。室内外埋地管道及立管采用热镀锌钢管，40mm 厚聚氨酯保温，采用丝扣连接。供回水立管至分/集水器的供回水支管采用 PP-R

管。地面辐射加热管采用 PE-RT 管。

分/集水器采用铜质材料分/集水器，在分水器供水管上加自动控制阀，每支环路设手动调节阀。加热管敷设在贴有锡箔的自息型聚苯乙烯保温板材上，锡箔面朝上，管道采用专用塑料卡钉固定，铺设保温板时要求地面平整，无任何凹凸不平，电线管等管线垂直穿过地板保温。管道穿过墙壁、楼板、基础时，设置套管；采暖管道在穿越隔墙、楼板处的缝隙时，采用防火封堵材料封堵。采暖平面图见图 4.49。

2）给水排水技术应用

生活给水系统水源由室外生活给水加压泵房供给。冷水来自市政给水管网，热水引自锅炉房。排水系统采用合流制，生活污水经化粪池处理后排入市政排水管网。给水排水系统设计如图 4.50、图 4.51 所示。

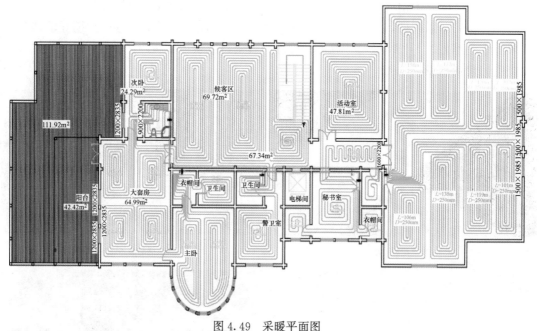

图 4.49　采暖平面图

3）电气技术应用

由于项目为重型木结构墙体，管线布置全部采用镀锌金属管或 PVC 管暗敷设，大部分管线均埋置于墙体中。电线孔与电线盒空位在工厂预制，安装管线时在重木墙体上的电线孔穿线，方便快捷。

地面管线暗敷设于楼面及地板龙骨夹层内，在非主承重龙骨上钻孔，并列穿线孔净间距大于 150mm。所有长度超过 25m 的管线及转接线处均加设过渡接线箱或接线盒。所有信号电缆干线均穿 PC 管保护沿墙、板暗设。

总配电箱下侧设总等电位联接箱，下沿距地 0.5m。每个卫生间设局部等电位联接箱并相互连接。卫生间内所有金属管道、金属构件等均通过端子板做局部等电位联接，并与 MEB 联接。

消防联动系统采用集中报警控制系统，消防自动报警系统按两总线联动控制设计。厨房设置燃气探测器，其他场所设置感烟探测器，探测器与灯具的水平净距应大于 0.2m，与送风口边的水平净距应大于 1.5m。管线设计如图 4.52 所示。

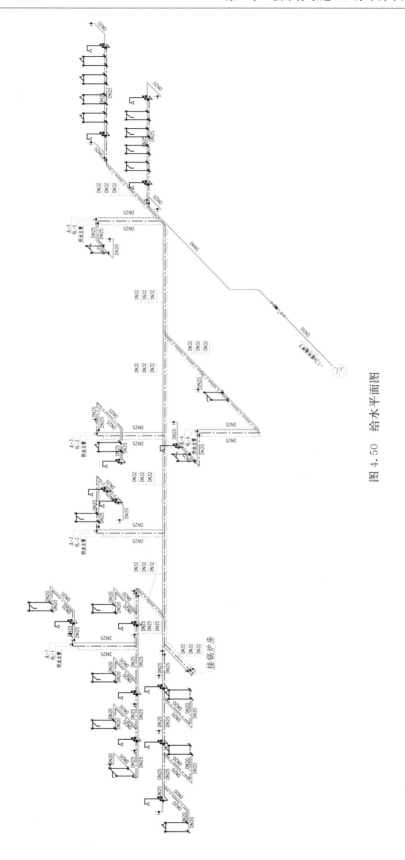

图 4.50 给水平面图

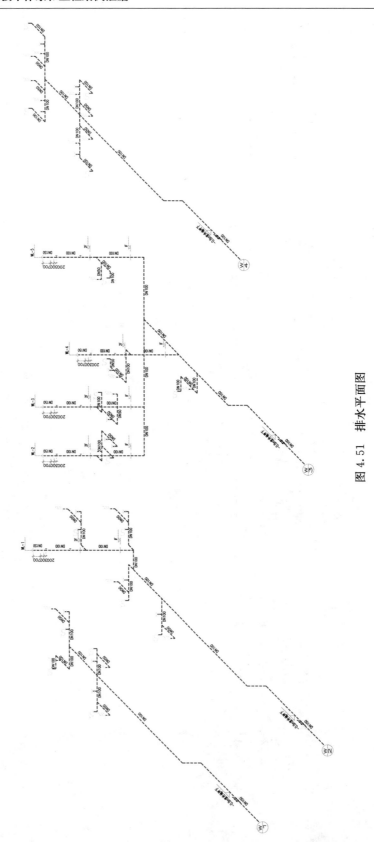

图 4.51 排水平面图

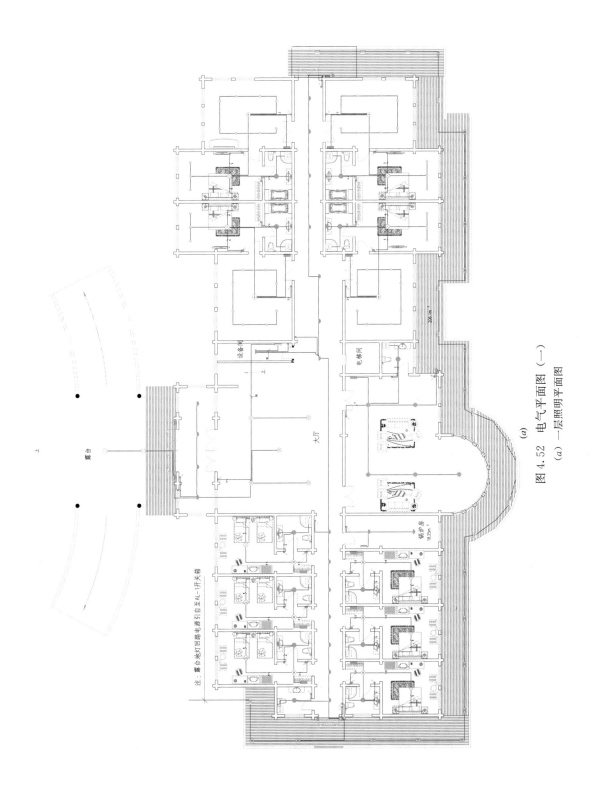

图 4.52 电气平面图 （一）

(a) 一层照明平面图

(a)

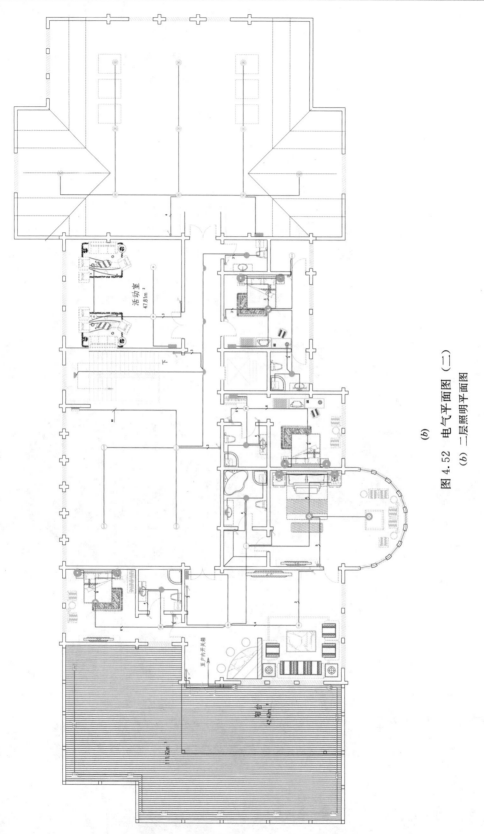

(b)

图 4.52　电气平面图 （二）

(b) 二层照明平面图

2.4　装饰装修系统技术应用

　　项目装修全部为木质元素。胶合木梁柱通过刷防火涂料与抗火设计达到防火要求，因而可直接暴露在室内。室内屋顶局部采用了黑色碳化木装饰梁点缀，深度碳化后的木材含水率低，物理性能稳定，抗紫外线和抗腐蚀性强，充分展示了木构件的优美结构形态与材质的温暖舒适。项目内外围护结构均为集成材实木墙体，室内家具、楼梯均由兴安落叶松制作，该材种金黄色的外观与灯光交相辉映，令人赏心悦目。卫生间内墙是在木骨架复合墙体外侧铺贴瓷砖饰面，室内装修豪华，是生态旅游和养生度假的理想场所。中间部位安装小型电梯，方便客人使用。装修后的项目实景如图 4.53 和图 4.54 所示。

图 4.53　室内装修效果

图 4.54　露明木构件的结构装饰效果

3　构件加工、安装施工技术应用情况

3.1　木构件加工制作与运输管理

　　1）木构件加工制作

　　木构件全部在工厂进行标准化、专业化生产制造。通过设计软件建立木构件、连接件的整体三维模型，出具 CAD 结构图后进行拆分设计，根据拆分图纸安排木构件、连接件生产。由自动化加工中心设备完成构件的切削、开槽、打孔等精加工（图 4.55）。

图 4.55　木构件加工现场

2）木构件运输管理

工厂在加工过程中根据木构件规格及生产进度提前确定运输方案，确保各流程精确作业，同时与有大件运输经验的物流公司合作，确保木构件安全准时运达施工现场（图 4.56）。

图 4.56　构件运输照片

3）木构件包装与堆放管理

木构件经过泡沫薄膜、塑料布、模板、打包板 4 层包装，构件运到施工现场后用临时围护隔离，防止踏踩和损伤涂层；同时，根据施工组织设计和设计图纸要求编制成品保护方案，制定各施工阶段的成品保护计划（图 4.57）。

4）建筑物、构筑物的防护

明确规定不能在已交付安装的建筑物、构筑物上开孔开槽。任何对结构的再处理都应报设计部审核，允许后方可进行。

3.2　施工组织与质量控制

项目施工现场按程序文件及作业文件要求进行管理，确保施工全过程人、机、料等生产要素得到全面控制。

图 4.57 木构件打包、堆放现场

（1）质量策划：针对施工合同要求编制质量计划，并针对施工准备阶段、施工生产阶段及竣工、工程交付全过程进行有效的控制，根据工程特点、资源状态按计划科学地安排好施工工序，确定各分项工程的控制目标。

（2）产品的控制：

① 根据合同规定的供货范围编制供货清单，由项目材料员组织有关人员核对物资名称、规格、型号、数量等，并进行外观质量检验，同时验证随机技术文件。

② 检验中发现不合格品（损坏或不适用），进行标识并隔离。

③ 对到场的产品设立单独库区，分类储存，单独建账，并按材料、规格、种类等分类存放，做出明显标识。

（3）物资搬运、贮存及工程防护的控制：

① 物资搬运装卸过程中，按包装标志进行操作，避免变形、残损等；对成组配套的物资，按原有组合搬运装卸，如包装有损坏时，立即整补加固。

② 物资贮存场地（库房、料场）满足物资贮存条件，入库贮存的物资不得室外存放，易潮怕淋的物料上盖下垫，库区分区、分类按不同的规格和尺寸存放，摆放整齐，标识清晰明显。

③ 对需进行防护的部位做好记录，定期自检自查，特殊情况随时抽查；制定有效措施对防护部位进行防雨、防潮处理。

（4）过程检验和试验控制：

① 过程检验和试验分为自检和专检两部分。

② 检验程序：对已完工序，由施工班组进行自检，项目部质检员复检，合格后填写相应的施工技术资料，确认合格后签字，报验确认合格后方可进行转序施工。

③ 最终检验和试验时，编制最终检验和试验方案，方案中明确试运组织、试运流程、试运计划、试运的临设计划和物资供应计划，试运中的技术要求和安全措施。最终检验和试验的结果满足设计文件、标准规范及生产流程的要求。

4 效益分析

4.1 成本分析

1）建造成本

该项目平面设计布局合理，得房率较其他建筑高 20%，基础造价节省 100 元/m²，且通过先进的生产工艺与科学的管理，结构造价节省 320 元/m²，后期装修成本节省 1300 元/m²，工期缩短财务费用节省 300 元/m²。

2）维护成本

本项目 5 年内基本不需要维护，5 年后的保养成本大约为 50 元/m²（含人工费、材料费）。

4.2 用工、用时分析

本项目施工吊装效率高、工期短，基本不受季节影响，材料采购数量精准、供应及时，一个 30 人的施工队伍，仅用 2 个月就完成施工，节省了工期、劳动力消耗。

4.3 节能、环保分析

本项目与砖混结构建筑相比，木构件的导热系数仅为砖混结构的 1/6，整个木屋冬暖夏凉，保温性好，舒适宜居。另外，项目墙体卡槽处设有三元乙丙胶条，可使 200mm 厚的墙体保温性能与 720mm 厚的砖墙相当，整个节能效果可达 50%～70%。

本项目木质材料使用量占全部材料的比重超过 95%，所有构件在工厂预制，建造过程中不产生固体废料、粉尘等建筑垃圾，不污染环境。建筑材料重复利用率为 100%，能量消耗、空气毒性指数比混凝土建筑减少 80%以上。

【专家点评】

井干式木结构是我国东北地区传统木结构形式，充分发挥了东北地区特别是大兴安岭地区木资源丰富的优势，是一种非常体现地域特色的结构形式。漠河乡元宝山庄在传统井干式墙体的基础上，发展了现代胶合木集成墙体技术，提高了项目的科技含量。该项目的成功落地，为传统井干式墙体结构的现代化革新提供了一个优秀的范例。

该项目具有以下几个方面的优点：

（1）建筑设计体现了传统与现代的结合。既考虑了传统建筑形式，又融入现代建筑元素，建筑造型美观，与景区融为一体。采暖、强弱电、给水排水配套设计以人为本，方便游客使用。

（2）建筑构造规范化、标准化。木结构构件和连接件采用工厂预制，实现了定型化，生产效率高，节约材料、节约能源。

（3）安全环保理念先进。分析了风荷载、地震作用对结构的影响，充分考虑了木结构防火和耐久性，采取了合理措施。在木结构全生命周期中，实现了减少排放、循环利用的环保理念。

（4）生产施工过程工业化程度高。生产和施工管理流程有序，过程可追溯，质量控制要求明确，体现了较高的工业化生产水平。

但由于该项目是传统井干式墙体结构与现代胶合木集成墙体的一次开创性组合应用，可借鉴的经验少，尚处于探索阶段，因此也难免存在一些问题：

（1）项目采用工程总承包模式，这是目前国家大力推行的项目建设模式，各地都开展了大量的实践，有利于提高生产效率，但要注意过程监管，防止自己施工、自己检查造成施工质量留隐患。

（2）项目做了成本、用工用时和节能环保分析，给出了木结构与砖混结构的定量对比数据，一定程度上反映了木结构的优势。建议在后期项目中进一步梳理分析，确保数据基础更加充分，措施更加具有推广性。

总的来说，瑕不掩瑜，该项目为今后类似的木结构建筑项目提供了有益参考，对推广我国木结构建筑作出了贡献。为进一步推广该项目的技术体系，建议今后在以下方面做一些工作：

（1）开发多种户型，适应不同项目需求。并同时考虑标准化构件与个性化户型之间的协调，实现尽量少种类的构件完成多变的户型。

（2）提高施工现场机械化施工水平，进一步优化施工人员数量和工期。

（祝磊：北京建筑大学，教授）

案例编写人：

姓名：白伟东

单位名称：大兴安岭神州北极木业有限公司

职务或职称：副总经理、研究员

第 5 章　技术体系之三：胶合木结构技术体系

【案例 5】　第九届江苏省园艺博览会木结构企业展示馆

第九届江苏省园艺博览会企业展示馆，占地面积 4330m²，总建筑面积 3654m²，由若干独具特色的木结构建筑组成，分为主展馆、技术展馆、文化展馆和生态展馆四个片区。主展馆设计采用曲面网壳形式和胶合木结构体系，并以被动式技术为主、主动式技术为辅，降低运营期间能耗。生态馆、技术馆及文化馆则采用框架组合墙体及轻型木结构体系，木构件加工采用现代化制造技术，将中国传统木构技术与现代科技进行了有机结合，取得了良好效果。

1　工程简介

1.1　基本信息

（1）项目名称：第九届江苏省园艺博览会现代木结构企业展示馆
（2）项目地点：江苏省苏州市
（3）开发单位：苏州太湖园博实业发展有限公司
（4）方案设计：上海创盟国际建筑设计有限公司
（5）施工图设计：苏州拓普建筑设计有限公司
（6）施工单位：苏州昆仑绿建木结构科技股份有限公司
（7）构件加工单位：苏州皇家整体住宅系统有限公司
（8）进展情况：2016 年 2 月竣工

1.2　项目概况

第九届江苏省园艺博览会现代木结构企业展示馆项目围绕园博会"山水田园、生态科技、人文生活"的三大理念，将极具江南特色的渔网、乌篷船、村落等概念融入其中，形成整体协调又不失变化的建筑群，总建筑面积 3654m²，容积率 0.73，建筑密度 43.4%，绿地率 25%。整个项目 2015 年 10 月开工，除基础工程外，主体结构均为装配式施工，根据《江苏省装配式建筑预制装配率计算细则》，本项目预制装配率达到 75%。项目实景和主展馆实景见图 5.1、图 5.2。

1.3　工程承包模式

该项目采用施工总承包模式，其中钢结构工程进行专业分包。

图5.1 项目实景

图5.2 主展馆实景

2 装配式建筑技术应用情况

2.1 建筑设计

1）单体概况

主展馆建筑面积1890m²，一层层高4.95m，二层屋面为空间曲面造型，最大建筑高度14.50m，最大跨度45m。屋面采用了大跨木结构异形曲面网壳体系，通过空间优化软件设计出结构受力合理、材料节约的网壳形态，实现了建筑形式与结构性能的统一。屋面中部呈内凹式喇叭状结构，具有结构支撑、屋面采光、屋面雨水收集的功能。屋面材料采用异形穿孔铝板，板与板之间为下凹贯通水槽，形成有组织排水系统，把雨水导到边缘内天沟。同时，该网壳体系与自然地形交相呼应，形成了由地景到建筑的连续景观，使建筑完美地融入自然。图5.3为建筑立面设计图，图5.4为建筑平面设计图。

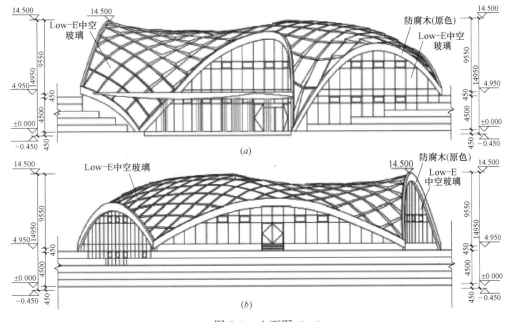
图5.3 立面图（一）
（a）西立面；（b）东立面

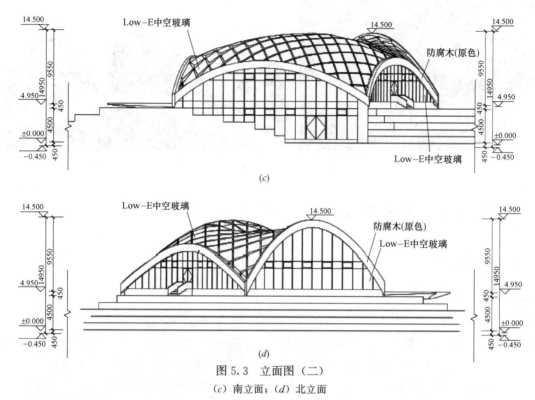

图 5.3 立面图（二）

(c) 南立面；(d) 北立面

2）围护结构

主展馆围护墙体采用玻璃幕墙，屋面板为 OSB 板加保温层，屋面饰板采用冲孔铝板，节能效果达到相关标准要求。图 5.5 所示为玻璃幕墙竖剖标准节点，可视与非可视区域均采用中空 Low-E 玻璃来满足外立面整体效果以及节能要求，并在层槛墙区域采用了喷涂铝背板加防火棉填充的方式来满足层槛防火要求。图 5.6 所示为屋面边拱节点，为保证立面的整体性，巧妙地结合了边拱钢梁设计了隐藏式水槽，使得立面看上去更整洁。

3）标准化设计

胶合木构件制作采用模数化，宽度统一采用 250mm，高度采用 450mm、500mm、550mm 三种规格，构件之间采用金属件进行连接。构件规格、数量见表 5.1。

4）防火设计

项目在防火设计方面采取的主要措施有：①钢结构边拱涂刷防火涂料；②木构件预留单侧 46mm 的碳化层；③中央环形楼梯处采用防火卷帘将二楼划分为一个单独的防火分区；④相邻建筑之间正对面采用了玻璃幕墙和防火墙的双墙处理以满足防火间距要求。防火分区示意见图 5.7。

2.2 结构设计

1）结构体系

项目主展馆基础为独立基础，设地下室，一层楼板采用钢结构组合楼板，钢梁双面间距均为 3m。屋面为胶合木曲面网壳，采用花旗松制作，强度等级为 TCT21，边拱采用直径 500mm（壁厚 20mm）曲线钢管。

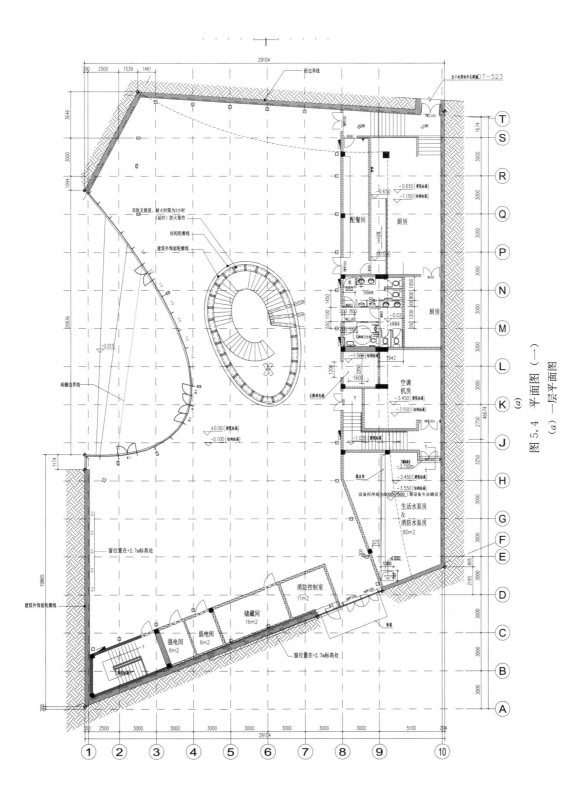

图 5.4　平面图（一）

（a）一层平面图

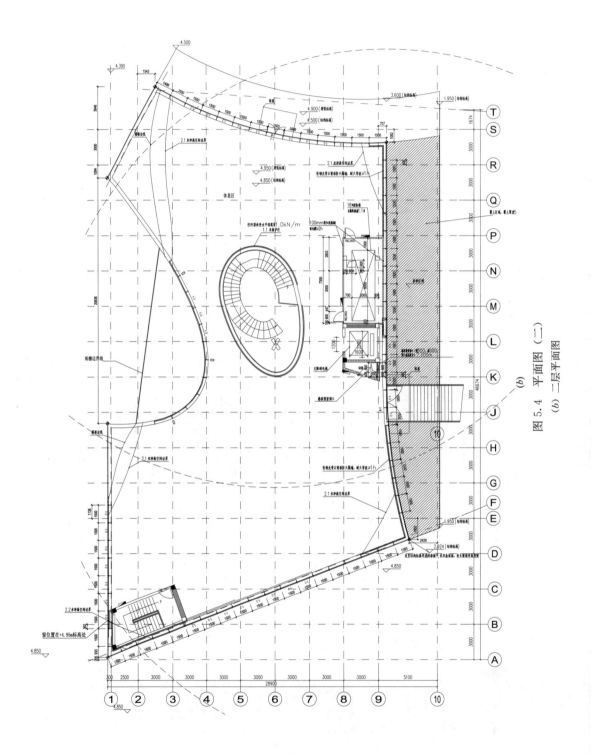

图 5.4 平面图 (二)

(b) 二层平面图

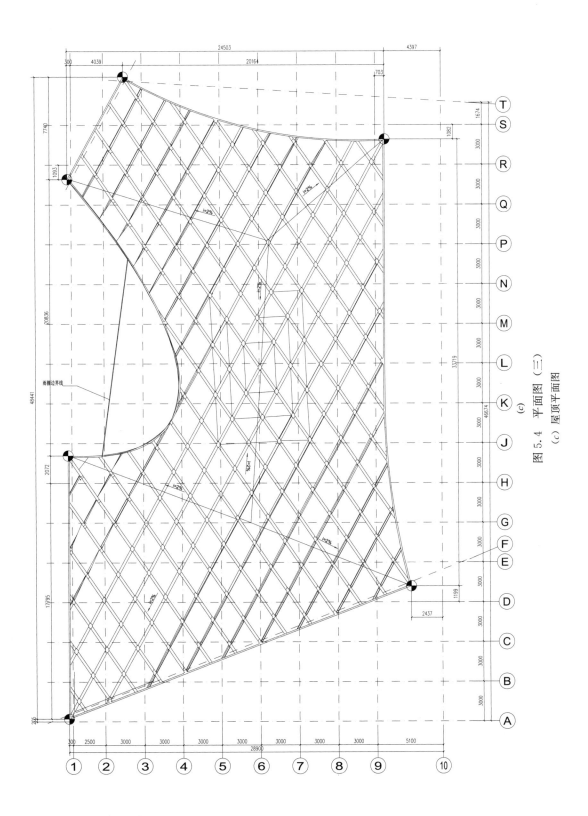

图 5.4 平面图 (三)

(c) 屋顶平面图

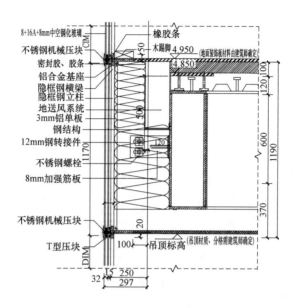

图 5.5　主展馆层槛墙节点详图

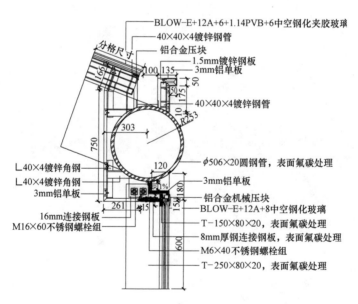

图 5.6　主展馆边拱节点详图

胶合木构件统计			表 5.1
构件宽度(mm)	250	250	250
构件高度(mm)	550	500	450
数量(根)	5	20	177
立方量(m³)	7.7	55.3	44.0

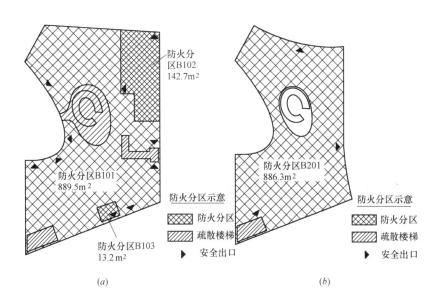

图 5.7　防火分区示意图

（a）一层防火分区布置图；（b）二层防火分区布置图

结构采用 Oasys GSA 软件对结构进行整体分析，计算结构在永久荷载、可变荷载以及地震作用下的强度、变形及稳定性能，并采用 MIDAS GEN 软件进行复核。曲面网壳屋面共有 202 根胶合木梁，截面为 250mm×（450～550）mm，合计 107m³ 胶合木。结构示意图见图 5.8。

2）节点设计

节点连接是网壳结构设计的关键环节之一，纯粹的铰接节点和刚接节点对于结构计算存在着或多或少的误差，实际工程中的节点具有一定的抗弯能力，对网壳结构稳定性的提升具有重要作用。为了验算整体结构的稳定性，建立精确的结构计算模型，需要考虑连接节点的半刚性。故在设计时，屋盖构件节点采用铰接连接和半刚性连接两种节点连接形式。

为了验证节点的半刚性，项目做了节点刚度实验（图 5.9）。通过十字节点试验得出弯矩—转角曲线，以得到节点实际转动刚度，并通过有限元对节点进行拟合，借鉴欧标 Euro5 半刚性连接刚度的理论方法，进一步验证网壳结构节点刚度的可靠性。铰接节点采用钢插板、螺栓及销钉连接，半刚性节点采用木结构植筋技术（图 5.10）。

3）结构选材

（1）胶合木

经计算，本项目采用胶合木强度等级为 TCT21。胶合木层板采用目测分级，材质等级不低于ⅢD，胶合前层板含水率不大于 9%，相邻层板间含水率相差不大于 5%，质量标准符合国家标准《胶合木结构技术规范》GB/T 50708 和《木结构设计规范》GB 50005 的规定。所有胶合木生产均采用承重结构用Ⅰ级结构用胶。根据设计规格，胶合木原胚采用两种规格 SPF 加工。胶合完成后，采用数控开槽开孔，完成构件加工。

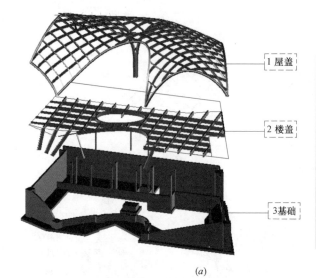

1 屋盖
楼盖为木结构网壳，菱形网格 2m×2m。屋面有四根曲梁延伸到基础，作为屋盖的支撑点。

菱形网格有部分钢拉杆，确保屋盖由足够的刚度将荷载有效的传递到边拱

边拱为曲型圆管，六个角点与基础连接，将屋盖荷载传递到基础

2 楼盖
楼盖为钢结构，矩形网格3m×3m钢结构楼盖和屋盖完全脱离开来，独立的将荷载直接传到基础

3 基础
基础为独立基础

(a)

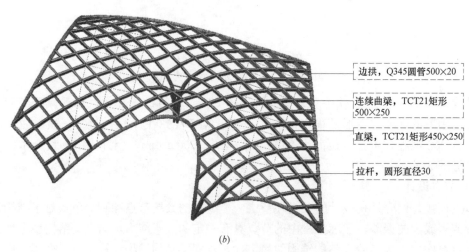

边拱，Q345圆管500×20

连续曲梁，TCT21矩形 500×250

直梁，TCT21矩形450×250

拉杆，圆形直径30

(b)

图 5.8　主展馆结构示意图
（a）主体结构体系；（b）曲面网壳屋盖构件

图 5.9　节点刚度试验照片

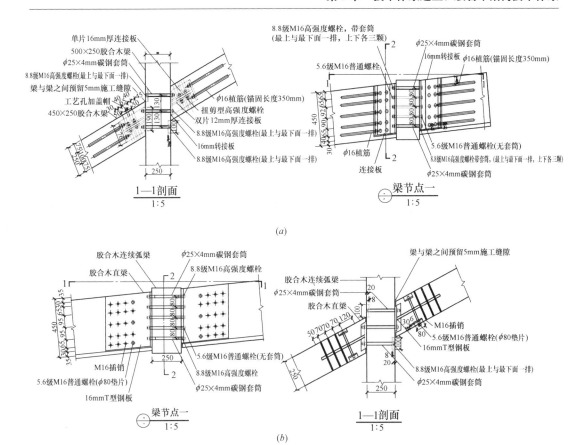

图 5.10　曲面网壳屋盖的节点示意图

（a）铰接节点示意图；（b）半刚性节点示意图

（2）金属连接件

屋面边拱采用直径 500mm（壁厚 20mm）曲线钢管。屋面胶合木连接件材质为 Q345B，该项目共设计 192 个节点板。

2.3　设备管线系统技术应用

1）暖通工程

项目选用智能多联机中央空调系统，室外机 IPLV（C）值高达 5.2，空调冷热源机组具有节能认证标志。新风采用热回收效率>60%的全热交换器，合理利用排风对新风进行预热（预冷）处理，降低新风负荷。房间内设置二氧化碳检测装置与新风联动。在过渡季和冬季，当房间有制冷需要时，可优先利用室外新风实现供冷。通风系统风机的单位耗功率 $W_s<$ 0.32W/（$m^3 \cdot h$）。空调系统分别设置独立的多联机空调系统，进行独立计量。多联机室外机通过系统内部自动控制程序，可根据负荷变化、系统特性自动实现加减载，优化运行模式，以最大限度地达到节能的目的。另外根据项目特点，水暖管线敷设在扣板吊顶中。

2）给水排水工程

生活用水由市政给水管道供给，入户设加压阀控制水压不大于 0.20MPa。排水系统采用室内污、废分流，室外雨、污分流的形式。卫生间排水管道采用同层排水。屋面的雨水采用外排水系统，重力排水。雨水进入落水管道收集后统一排入室外雨水管网。冲厕水源为雨水回用中水，非传统水源利用率达到 10%。为避免管网漏损，采用高性能阀门、零泄漏阀门。根据水平衡测试的要求安装分级计量水表，按用途设置用水计量装置。使用用水效率等级达到一级的卫生器具。

3）电气工程

根据项目特点，电气管线敷设在木框架搁栅内，不影响建筑的内饰效果，梁加工时预留了穿线孔洞，采用金属管配线，电线采用阻燃绝缘线进行现场穿线，管道穿梁的部位采用套管保护。

2.4 装饰装修系统技术应用

装饰施工采用干法作业。胶合木构件外观精美，既是结构受力构件，又具有良好的装饰作用，因此采用自然裸露的方式，表面不进行任何处理。边拱采用 SPF 薄板包饰，吊顶采用杉木扣板，地面铺设地毯。

2.5 信息化技术应用

本项目造型复杂，从方案设计到施工全阶段均采用了 3D 信息技术，极大提高了设计和施工的自动化程度和安装的精度，完美还原了建筑的细节效果。为了实现建筑师的"渔网，乌篷船，村落"的建筑理念，在方案设计阶段采用参数化设计软件，从曲面中抽象出建筑形体，并采用空间结构计算软件 GSA，生成出结构受力最合理，材料使用最节省的网壳形态，实现了建筑形式与结构性能的高度统一（图 5.11）。同时，项目将参数化设计引入加工制造阶段，木梁、五金件以及屋顶幕墙铝板的设计，均实现了很高程度的自动化设计，节省了人力，减少了误差，缩短了工期，是参数化设计在木结构中的一次成功实践。

例如屋面菱形铝板单元每一幅都各不相同，通过 grasshopper 逻辑编程，满足每一个板块的变形需求，建立一个完美衔接的屋面结构；通过 grasshopper 自动生成的屋面铝板加工图，可以快速为每一块铝板放样。

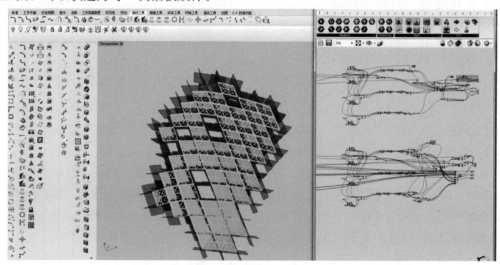

图 5.11　参数化设计在屋面铝板设计中的应用

3　构件加工、安装施工技术应用情况

3.1　木构件加工制作与运输管理

1）构件加工

（1）曲线梁胶合。根据建筑设计要求，屋面采用多曲面壳体结构，胶合木梁需要按照屋面曲线加工成曲线，每根梁曲率均不一样，即使单根梁的曲率沿梁长度亦有变化，最大曲率约为 0.25。为解决曲梁加工问题，设计采用了曲梁胶合设备，较好地解决了曲线胶合木梁胶合难题。曲梁加工如图 5.12 所示。

图 5.12　曲梁加工

（2）大断面、精加工。按照结构设计要求，曲梁断面为 250mm×（450～500）mm，个别梁采用变截面，最大截面高度为 600mm。为保证受力要求及顺利安装，设计要求梁螺栓、销钉孔位的加工精度为 1mm，即孔径、孔位偏差均要求控制在 1mm 以内。工厂采用数控方法，首先对每道梁加工模板，在模板上精确标出加工所需孔位。深加工时，将模板固定在梁上，按照模板上的孔位，在胶合木构件上进行开孔、开槽作业。根据设计文件，主拱上每个连接节点需要开孔约 20 个。

（3）金属件加工控制。由于屋面造型需要，每一个金属连接件均单独设计，连接件的角度、孔位、尺寸相似，但均不相同，且连接件数量多达 1200 个。金属加工中心设计了不同的公装，用以解决金属件下料、焊接的精度控制难题。

（4）边拱加工。边拱是由直径 500mm 的圆形钢管拉弯、焊接形成的空间曲线。根据三维模型，加工前搭设 1∶1 加工台，曲线拱在加工台上放样、焊接，并在钢拱上标出控制点，作为后期安装时的控制坐标点。

（5）植筋。为保证植筋质量，安排固定班组负责植筋，并安排技术人员跟踪检查。胶合木植筋工艺见图 5.13。

（6）层板选择。按照设计要求，规格材采用目测分等Ⅱ级材。规格材的筛选，采用两道工序，首先快速检测规格材的弹性模量，采用应力分等机进行材料等级分等，然后采用目测，剔除缺陷超标的材料，并进行规格材及指接规格材的弹性模量及抗弯取样检测。层板检测及弹性模量筛选见图 5.14 和图 5.15。

图 5.13　胶合木植筋工艺

图 5.14　层板检测

2）构件运输

本项目胶合木拱最大跨度 28.2m，拱曲线长度 33.3m，最大拱高 10.6m，运输中需考虑超长、超高、超宽的影响，同时要保证梁的变形在设计允许范围内。因此，对于超长、超宽的胶合木梁在夜间采用 17.5m 的挂车进行运输。

另外，为避免构件破损，构件出厂验收合格后，采用硬纸板、塑料薄膜、木夹板等材料进行包装保护（图 5.16）。柱、梁等构件水平放置在运输车辆上，每层之间设置垫木，防止运输过程中损坏。同时，对于跨度较大的木梁，采用型钢保护架进行运输，以限制梁在运输过程的受力及变形，保证运输过程的安全。

图 5.15　材料弹性模量筛选

图 5.16　构件的包装保护

3.2　装配施工技术与质量控制

项目采用现场装配方式进行施工。考虑到施工安全及后期装饰施工的要求，施工时采用钢管搭设操作平台，构件之间主要采用螺栓和销钉进行连接。

1）精确放线

项目采用数字化控制技术对施工数据进行处理。采用全站仪精确放出每一根构件的控制坐标，按照控制坐标安装构件。定位后，再用全站仪测量每一构件 3～5 个关键点坐标，并将坐标反馈到设计模型中进行二次模拟，及时调整下一安装步骤的控制点。对误差超过控制要求的点位，一方面在现场进行调整，另一方面修正设计模型，指导下一步施工。

2）快速吊装

胶合木构件的自重比较轻，控制要点是要避免细长构件的吊装变形。构件采用 25T 汽车吊进行吊运。吊装中，对常规构件采用 2 点吊装，对超过 10m 的构件增加一个吊点，采用 3 点吊装。对于长度超过 20m 的个别构件，专门设计了分配梁进行吊装。

3）快速定位

项目施工前搭设满堂脚手架，木构件下方的支撑架顶端坐标均经过精密测量，保证构件放置时的位置。在脚手架顶端设置千斤顶及水平调整装置，用于调整构件安装位置。

4）金属件连接

构件之间采用金属件连接，在工厂制作加工。每一个金属件均标好号码，以便于现场识别。

胶合木安装过程见图 5.17，项目竣工照片见图 5.18。

图 5.17　胶合木安装过程

图 5.18　项目竣工全景

4 效益分析

4.1 建筑能耗分析

建筑外围护采用玻璃幕墙，按照设计要求，传热系数≤2.50W/(m² · K)，遮阳系数（东、南、西向/北向）≤0.40，可见光透射比系数≥0.50。幕墙玻璃采用 8mm＋16A＋8mm 钢化玻璃，U 值 1.6，透光率 50%，遮阳系数 0.4，反光率 13%。经节能计算，幕墙立面传热系数为 2.1W/(m² · K)，满足规范限值要求。幕墙系统传热系数见表 5.2。外墙和屋面采用轻型木结构屋面，内填 184mm 厚玻璃棉保温，平均传热系数达到 0.25W/(m² · K)，低于规范限值要求。

室内光源主要采用荧光灯、节能灯。开敞式灯具节能效率不低于 75%，格栅式灯具节能效率不低于 60%。荧光灯采用电子整流器，功率因数大于 0.9。房间照明功率密度设计值低于《建筑照明设计标准》GB 50034 规定的目标值的要求。

立面幕墙系统传热系数 表 5.2

构件	A. f（面积）	A. e（边缘长度）:m	U. f（框的K值）	U. e（边缘影响系数）	A. f×U. f	A. e×U. e	
M₁（可视区竖框）	8.48	120.00	6.3700	0.1060	54.0176	12.7200	
M₂（开启竖框）	2.02	14.40	5.7700	0.0790	11.6323	1.1376	
H₁（可视区横框）	6.53	40.60	5.9200	0.1110	38.6754	4.5066	
H₂（开启横框）	2.02	11.26	5.6900	0.1100	11.4710	1.2386	
Glass 玻璃	191.20		1.6000		305.9194	0.0000	
Gl＋Wool 层间	38.27		0.4500		17.2215	0.0000	
MS（非可视竖框）	1.96	24.51	6.3700	0.1060	12.4852		
HS（非可视横框）	3.95	98.96	5.9200	0.1100	23.3840		
	A₁	A₂	Atot-Cal	Atot-Act	(A×U)f. tot	(A×U)e. tot	(A×U)tot
	254.42	309.73	254.42		474.8064	19.6028	494.41
							限值（夏热冬冷地区）
Total 整体					K-value（K 值）	1.9432	<2.5,通过!
可视区						2.0991	<2.5,通过!
层间						0.4500	<1.0,通过!

4.2 节材分析

项目使用可再生的木材作为主材，并对结构受力进行精心计算，使项目在满足受力安全的前提下，最大限度降低截面尺寸，减少胶合木使用量。

4.3 节水分析

该建筑为木—钢混合结构，胶合木及钢构件均在工厂预制加工，装修采用木饰面及地毯，施工均为干法作业，现场仅设置消防管道，显著减少了临时用水量。

另外，室内生活给水管采用不锈钢管及 PP-R 管，避免渗漏。排水管、雨水管采用 UPVC 管，实现雨水和污水分流。卫生器具和配件采用节水型产品，坐便器采用一次冲水量小于 5L 的节水型产品。

4.4　环境保护

建筑设计中充分利用坡地地形，采用半地下室设计，既考虑了采光通风，又减少土方开挖量，充分保护建筑周围的土地资源不受破坏。同时，现场基本不产生建筑垃圾，最大限度减少施工现场扬尘。

项目合理优化施工方案，构件从工厂运到现场后及时安装，现场不设建筑构件堆放场地；同时，施工工人统一租住在周边村镇，施工现场仅设置办公室、工具间、茶水间等必备房间，尽量减少对现场环境的影响。

5　存在不足和改进方向

（1）本项目虽然实现了参数化设计，并对施工过程进行计算机模拟及优化，但还没有实现设计、制造、安装及运营管理的 BIM 全过程管理。

（2）构件加工采用定制模具，大部分模具仅适用于本项目，还未设计出通用标准模具。

（3）由于结构体系的复杂性，本工程采用传统的钢管脚手架，而没有使用工具化脚手系统。

【专家点评】

第九届江苏省园艺博览会现代木结构企业展示馆项目包含了若干独具特色的木结构建筑，汇聚了大跨曲面网壳、钢—木组合、胶合木框架组合墙以及轻型木结构等多种结构样式，形式丰富，将材料、建筑、环境与园艺博览园的主题融为一体、交相辉映，达到人与自然环境、建筑艺术的完美统一，是装配式木结构建筑的一个成功案例。

项目的特色在于：①屋面采用了大跨异形木结构网壳，通过空间优化方法提出了受力合理、材料节约的结构形态，实现了建筑形式与结构性能的高度统一；②建筑造型奇特，构件种类繁多，采用了标准化设计，将 200 余根木构件最终归并为三种规格，缩短了加工制造和施工安装工期，降低了环境污染；③项目从设计到施工采用了 3D 信息技术，将参数化设计引入木构件、五金件和屋顶幕墙铝板的设计及加工制造之中，提高了加工精度和建造效率；④针对建筑独特的造型，采取了屋面内凹喇叭状结构，较好地解决了结构支撑、屋面采光、屋面雨水收集的难题。

项目的不足在于：①被动式建筑节能技术的应用不足；②BIM 技术的应用不充分，未能实现设计、制造、安装及运营管理的 BIM 全过程管理。从而影响了该项目在绿色建筑和 BIM 技术应用方面的示范价值。

（刘伟庆：南京工业大学现代木结构研究中心主任，教授）

案例编写人：

姓名：倪竣

单位名称：苏州昆仑绿建木结构科技股份有限公司

职务或职称：董事长兼总经理、正高级工程师

【案例6】 杭州香积寺复建工程

杭州香积寺位于杭州市拱墅区大兜路香积寺巷1号，原建筑早年毁于战火。2009年，在原址以西、京杭大运河以东的地块进行重建，规划总用地面积为16855m²，其中寺院建设用地面积为10971m²。项目立足于建设"21世纪都市新寺庙"的目标，采用胶合木结构体系以满足建筑中大跨、大空间的功能需求，构件之间可以灵活组合，建筑风格上体现了传统与现代结合的特色，重现了中国古代传统建筑的辉煌气派，并赋予其现代艺术之美，再现了"杭州运河第一香，湖墅市井风情地"的繁荣胜景。

1 工程简介

1.1 基本信息

(1) 项目名称：杭州香积寺复建工程
(2) 项目地点：浙江省杭州市拱墅区大兜路香积寺巷1号
(3) 开发单位：杭州市运河综合保护开发建设集团有限责任公司
(4) 设计单位：上海交通大学规划建筑设计有限公司
(5) 施工单位：浙江荣佳建筑工程有限公司、赫英木结构制造（天津）有限公司
(6) 构件加工单位：天津瑞科建设工程有限公司、赫英木结构制造（天津）有限公司
(7) 进展情况：2010年2月7日竣工

1.2 项目概况

始建于北宋年间的杭州香积寺曾是京杭大运河杭州城段的著名寺院，有"运河第一香"的美誉，历来是商贾云集、朝山香客汇聚之地，同时也是南北文化的交流枢纽，香积寺所在的大兜路历史文化保护街区也是京杭大运河综合整治与保护工程的核心地段。

杭州香积寺位于杭州市拱墅区大兜路香积寺巷1号，原建筑早年毁于战火，原址上仅存清康熙五十二年（公元1713年）建成的石塔一座，是浙江省重点文物保护单位。依据上位规划和建设单位要求，对现有香积寺塔进行原址保护并按其型制复制西塔，在基地内重建新香积寺，再现佛寺香火传承。

项目为杭州京杭大运河综合保护二期工程的子工程之一，于2009年1月正式进行规划与建筑设计。同年3月，工程奠基。5月，正式动工建设。次年2月，新香积寺正式重建落成（图5.19）。工程总建设周期仅为8个月。

项目包含十余栋一至三层单体建筑，总占地面积为5509m²，总建筑面积为13681m²，其中，地上总建筑面积为10137m²，地下总建筑面积为3544m²。地下空间功能主要用作地下仓储及停车库。

项目内建筑的基础部分均为现浇混凝土结构，除钟楼、鼓楼和大圣紧那罗菩萨殿的上部主体结构为钢结构外，其余的天王殿（图5.20）、大雄宝殿（图5.21）、藏经楼（图

5.22)、配殿、厢房等殿堂以及连廊的上部主体结构均为胶合木结构。所有胶合木原材料均使用欧洲花旗松与云杉，总耗材约 3800m³，采用工厂加工、现场装配的方式。

图 5.19　重建落成后的香积寺

图 5.20　香积寺天王殿

图 5.21　香积寺大雄宝殿

图 5.22　香积寺藏经楼

1.3　工程承包模式

本项目采用平行发包的模式。

2　装配式建筑技术应用情况

2.1　建筑设计

1）技术难点与创新特色

杭州香积寺始建于宋代，原本应是一座富有传统风貌的江南禅寺，但因历史原因，原建筑已难觅踪迹。如何在当代建筑语境下复建香积寺是本项目的难点以及创新点，为此，项目设计从建筑形式、构造方式、材料表达、防护设计等方面进行了创新研发：

（1）建筑形式

新香积寺的整个建筑布局基本沿用传统佛寺典型的"伽蓝七堂"的格局，结合当代的规划、建筑设计手法，增加了现代佛教活动空间。建筑外观汲取传统建筑的外观风貌特征，创新地对传统建筑构件进行转译，用新材料、新工艺营造有别于传统建筑的风貌与空间。在室内空间设计中，引入自然光，改变传统的寺院殿堂内的空间感受。

（2）构造方式

项目在构造方式上将现代与传统木结构进行融合，并做了创新性设计。如木结构的连接方式，用金属连接件替代了传统的榫卯连接，大大提高了构件加工制作效率与精度。同时，通过木枋的纵横叠垒，将传统繁复的斗拱进行抽象设计，既简化了施工，又延续了传统斗拱的意韵。木柱柱脚的连接采用内藏金属预埋件、外包空心石柱础的做法，外观传统又简洁。

（3）材料选用

项目综合应用了木材、石材、金属（铁、铜）等建筑材料。木材以胶合木为主，辅以原木方料，通过内藏式金属件连接形成建筑梁柱框架及屋架。屋架檐口椽条端部用铜套套箍，起到装饰与保护作用。地面与台阶用石材铺装，坚实耐久。

（4）防护设计

结合传统建筑中高台基做法，项目所有柱脚均距地面超过450mm，并在基地采取白蚁防治措施。由于本项目中多数木构件直接暴露，主要通过构件自身来实现抗火，所以设计通过增大构件截面尺寸达到规定耐火极限的要求。同时，通过在构件表面涂刷保护剂，来实现防潮、防水、防虫等防护的目的。

2）标准化设计

项目采用标准化设计方法，将传统建筑常见的圆柱、月梁等尺寸各异的构件简化为规则的、易于加工的矩形截面构件，将传统建筑中繁复斗拱简化为小断面方材的叠垒等，最终将建筑的主要构件均设计为标准化构件。建筑围护结构采用轻骨架组合墙体，使之具备工厂化生产制造的条件。具体总结为以下两个方面：

一是减少构件的尺寸规格。如规模较大的大雄宝殿、藏经楼的简化斗拱全部采用160mm×300mm大小的枋木层层叠垒，形成柱头、补间、转角三大类标准组件。

二是简化构件的连接方式。将主要建筑构件的连接分为梁柱连接、柱脚连接两大类，并进行标准化设计，减少连接的类型与规格。对于次要构件，直接采用轻型金属连接件通过螺钉连接，工厂预制成组件后运至现场装配施工。

2.2 结构设计

本项目是国内较早大规模应用胶合木的建筑案例，也是胶合木结构与宗教建筑结合的创新设计实践，同时也是在当时国内木结构标准规范体系尚不成熟环境下的大胆实践。

项目采用框架结构体系，充分发挥了胶合木能够形成大跨度空间的优点，创新设计出了无柱或少柱的殿堂空间。同时，结构设计进行定量计算分析，构件尺寸、连接更加高效，用料更加节省，这是与传统建筑设计的最大差异。梁、柱等主要木构件之间通过内藏式的金属件连接，减少金属暴露，提高了连接的耐久性与防火性；柱脚采用内藏式的连接方式与混凝土基础连接，对传统建筑的柱础进行创新设计，美观又耐久（图5.23～图5.28）。

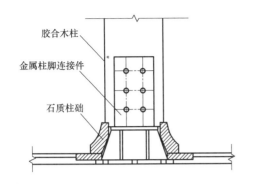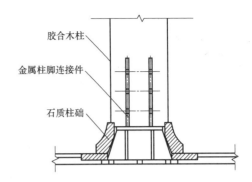

图 5.23 柱脚连接节点示意图

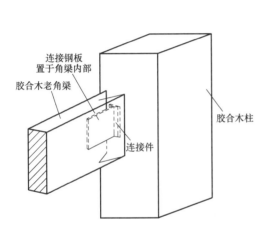

图 5.24 梁柱连接节点示意图

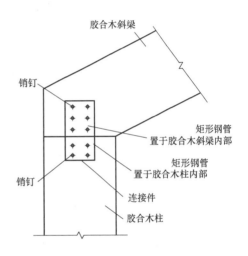

图 5.25 斜梁与柱连接节点示意图

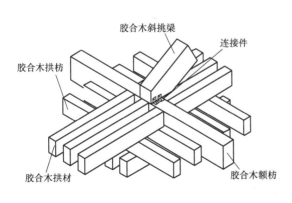

图 5.26 斜梁与拱、枋之间的连接节点示意图

图 5.27 梁柱金属连接构造实景

图 5.28　梁柱榫卯连接构造实景

以大雄宝殿为例，建筑总面阔为 26.0m、总进深为 19.0m，单层框架结构，结构最高点高度为 14.85m。其中，室内空间面阔为 17.8m、进深为 14.8m。建筑平面仅布置两圈柱列，檐柱截面尺寸为 350mm×350mm，内柱截面尺寸为 500mm×500mm，主梁截面尺寸为 240mm×450mm，斜梁截面尺寸为 300mm×600mm，建筑的坡屋顶通过斜梁与草架的组合得以实现，并形成长达 14.8m 的室内无柱空间（图5.29）。

藏经楼总面阔为 45.0m，总进深18.0m，三层框架结构，最大跨度 7.8m，结构最高点高度为 20.9m，采用副阶周匝的形式，即平面布置两圈柱列。檐柱截面尺寸为 300mm×300mm，内柱截面尺寸为 400mm×400mm，主梁截面尺寸为 240mm×450mm，屋架斜梁截面尺寸为 300mm×540mm。藏经楼总建筑面积约 2150m²，是当时国内已建成的规模最大的胶合木结构建筑之一。

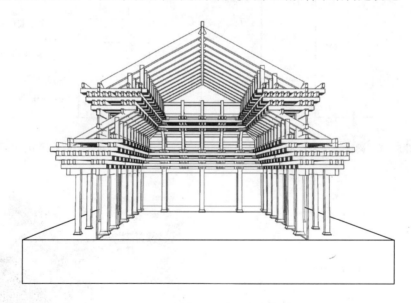

图 5.29　大雄宝殿主体结构示意图

2.3　设备管线系统技术应用

项目根据建筑功能选择配置照明、给水排水、通风等设备设施和管线进行综合设计，管线或管道在构件加工制作时进行预留或预埋，避免了主体结构完成后再进行开凿钻孔。另外，管线由地面入户、集中在隔墙上的控制箱分配，电线线缆均穿钢管安装，尽可能地走梁背、楼板空腔、隔墙空腔等部位，减少明露。

2.4　装饰装修系统技术应用

　　项目的装饰装修技术应用主要在以下几个方面：①室内几乎所有木构件均直接外露，表面仅涂刷水性保护漆（图 5.30、图 5.31），突出了木材良好的美学特性；②外围护结构预制墙板以及内隔墙表面稍加涂饰白色涂料；③檐口等易受雨水侵蚀的部位配合安装铜等金属构件，既增强了木构件的装饰效果，又保护了木构件（图 5.32）；④重要建筑的屋面采用金属瓦干挂工艺，现场成片安装，不锈钢螺钉固定，改变了传统的灰泥卧浆的湿作业方法，效果良好。

图 5.30　大雄宝殿室内装饰装修

图 5.31　天王殿室内装饰装修

图 5.32　香积寺檐口细部

2.5　信息化技术应用

　　项目建设时，BIM 技术尚未普及，因此在设计及加工制作环节，主要通过 Sketchup 及 CAD 等软件建立细致的三维模型来推敲设计及指导施工，以提高设计质量和沟通效率。大雄宝殿与藏经楼的三维软件模型见图 5.33、图 5.34。

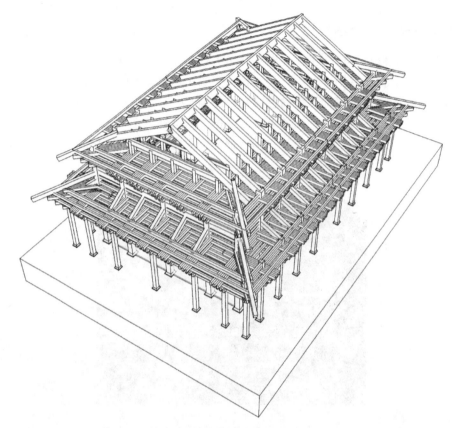

图 5.33　大雄宝殿三维模型

图 5.34　藏经楼三维模型

3　构件加工、安装施工技术应用情况

3.1　木构件加工制作与运输管理

项目所有胶合木构件的原材料均由欧洲进口，并在国内工厂进行加工。金属连接件的加工制作及部件的预拼装、拆解、打包等环节在工厂进行。工厂预制完成后，通过集装箱运输至施工现场，再通过吊机等工程机械进行安装。

3.2　装配施工组织与质量控制

项目施工严格按照施工组织设计文件执行。根据设计文件，逐一确定预埋件的位置，做到基础浇筑前定位，浇筑后复核调整，控制水平偏差不超过±20mm，垂直偏差不超过±20mm。

构件进场时包覆完整，拆包时对照设计文件，对外观、尺寸、预留孔槽等方面进行全面复核，凡不符合要求的，在现场进行修正调整或通知工厂重新制作。构件吊装施工时，注意调整吊点位置，大型构件进行吊装设计，避免构件在吊装过程中受损或出现工程安全事故。安装到位后，逐根复核构件地水平与铅垂度，保证安装达到精度要求（图 5.35、图 5.36）。

图 5.35　大雄宝殿的立柱安装实景　　　　图 5.36　藏经楼的建设实景

项目质量验收按当时国家和地方施行的相关规范执行：基础部分按《混凝土结构工程施工质量验收规范》GB 50204 进行验收，上部木结构部分按照《木结构工程施工质量验收规范》GB 50206 验收。

4　效益分析

4.1　成本分析

项目所用的胶合木在加工制作时经筛选分级、剔除缺陷等工序，产品质量均匀稳定，出材率平均达到 90％以上，远高于传统杉、松、柏、樟等原木构件约 30％～60％的出材率。胶合木的单方价格为 6000～12000 元，低于菠萝格、柚木（9000～20000 元）等现代佛教建筑中常用的树种木材，因此材料费大为降低。同时，项目采用机械化装配施工方式，工程安装费相应降低。另外，项目装修简单，多数构件直接外露，墙体采用轻质骨架组合墙，只需简单地涂刷水性漆或乳胶漆，减少了二次装修的费用。

4.2 用工、用时分析

项目采用标准化设计、工厂化生产、装配化施工的方式，构件和连接件的加工制作可以同时进行，从设计到施工各环节的效率都得到较大提升，工期大为缩短。同时，项目少规格的构件更适合批量生产和安装，现场参与施工人员大为减少的情况下，8 个月内完成了整体施工，较同规模的传统木结构建筑，效率至少提高 1 倍以上。

4.3 "四节一环保"分析

本项目施工现场湿作业和工程浪费少，在工程策划、设计环节注重减少混凝土、钢材的使用，增加木材等绿色建材的应用，达到了节能、节水、节地、节材和环境保护的目的。

5 存在不足和改进方向

本项目是装配式木结构在传统宗教建筑中规模化应用的探索性实践，是在当时国内对木结构建筑技术认识尚不成熟、不全面、相关技术体系尚不健全的环境下的大胆尝试。由于设计、施工周期短，项目在制造、装配以及后期维护使用等各个环节有所不足。主要表现在建筑墙体未使用模块化的隔墙系统，造成部分环节处理不到位，局部需要二次处理等；项目未能应用 BIM 技术，为工程设计、建设、运营等环节提供一个更高效的共享平台。所以，在今后的类似项目中，应注意上述问题的改进，完善建筑信息化集成应用以及集成化建筑部品的使用，提高建筑的装配化水平。

【专家点评】

香积寺复建工程的胶合木构件和轻型木结构构件均采用工厂生产，现场装配，能够更好地控制构件加工精度，保证构件产品质量，而且大量减少现场施工工程量，加快施工速度，降低人工成本。整个工程仅用时 8 个月，充分体现了装配式木结构建筑用于传统宗教建筑的巨大优势。作为装配式木结构建筑，香积寺复建工程对建筑、结构、设备和内装系统等的协同，集成化管理、设计、施工等方面提出了更高的要求。连接设计也是至关重要，既要保证建筑的安全性、安装的便捷性，还要考虑与传统宗教建筑风格的和谐和尽可能降低成本。香积寺复建工程在这些方面都做了大胆的创新，取得了丰硕的成果。安装质量直接影响装配式木结构建筑的安全和使用，香积寺复建工和对安装顺序、安装设备、安装工艺、安装误差控制等作了精心组织设计和实施，效果非常好。

该项目将装配式现代木结构建筑技术应用于传统宗教建筑的有益尝试和实践，既传承了传统宗教建筑的建筑形式和风格，又充分展现了现代木结构建筑技术加工精度高、质量稳定、材料利用率高等优点，对继承和发扬传统文化，使传统文化建筑适应现代社会的发展需要具有积极的意义。

该项目建设说明现代木结构建筑在传统宗教建筑复建和改建领域大有可为，它不仅完美诠释了现代木结构建筑与传统文化的融合，探索了一条可以让传统宗教建筑得以延续和传承的途径，并且大胆尝试了传统木结构建筑风格和现代木结构表现形式之间转译的具体方式。虽然国内目前对装配式木结构建筑的研究和工程实践比较少，应用于传统文化建筑的案例更少，相信香积寺复建工程将带动科研和工程的研精覃思。

（张海燕：加拿大木业协会，技术总监）

案例编写人：

姓名：曹晨

单位名称：上海交通大学规划建筑设计有限公司

职务或职称：建筑设计师、工程师

【案例 7】 瑞典 Limnologen 住宅项目

Limnologen 是瑞典第一个木结构高层项目，具有较好的示范作用，为后期多高层项目的建设总结了宝贵的工程实践经验。该项目总建筑面积 $10700m^2$，包括 4 栋 8 层住宅。除底层外建筑主体结构采用木剪力墙体系，所用材料包括正交胶合木（CLT）墙板、楼板，局部采用胶合木（Glulam）梁、柱以及轻型木骨架墙体、木制桁架等部件。项目的墙体和屋面桁架采用工厂预制、现场装配化施工。与同地区混凝土建筑相比，该项目实现了建造总成本降低 5%、工期节省 60% 的良好效益。

1 工程简介

1.1 基本信息

（1）项目名称：瑞典 Limnologen 住宅项目

（2）地点：瑞典韦克舍市

（3）开发商：Midroc 地产开发公司

（4）设计公司：建筑设计 Arkitektbolaget AB

　　　　　　　木结构设计 Martinsons Byggsystem AB

　　　　　　　混凝土结构设计 Tyréns

（5）总承包商：Martinsons Byggsystem AB

（6）构件生产商：Martinsons Byggsystem AB

（7）项目状态：2009 年竣工，目前已全员入住

1.2 项目概况

2005 年瑞典韦克舍市政府决定打造木结构建筑之城以提升城市风貌,并在 Limnologen Precinct 地区开发的建筑项目中着力突显"木元素",营造宜居环境。

瑞典 Limnologen Precinct 多层 CLT 住宅项目位于瑞典南部韦克舍市,包括 4 栋 8 层住宅建筑、配套一个停车场和小区公共活动空间,自 2006 年开始施工,2009 年全部完成,目前整个项目入住率为 100%。项目公寓采用首层混凝土结构、2~7 层木结构的混合结构体系。项目包括 134 套公寓,6 套户型,面积 37~134m^2 不等,总建筑面积 15366m^2,公寓面积 10700m^2。

1.3 工程承包模式

该项目规模大、复杂程度高,由 Martinson 公司作为总承包单位负责生产和安装,并确定了 15 家分包商参与项目,分别负责项目管理、地基处理及桩基工程、基础及混凝土工程、木构架加工及安装(包括防护)、电气、通风、给水排水、楼面及屋面、电梯及自动化等工程。项目实景见图 5.37。

图 5.37 项目实景

2 装配式建筑技术应用

2.1 建筑设计

项目所在地东临 Trummen 湖,建筑平面设计为狭长形状(图 5.38),南侧开有凸窗,这样可保证所有单元房间能够看到湖景。南侧外表面采用木材装饰,通过合理设置南面外阳台,使其成为防止外立面上火焰蔓延的防火隔断。社区活动用房的室内地面延伸到室外并与水面上的木制栈桥相衔接,凸显临水特色。2009~2010 年,项目获得了三项瑞典国家设计大奖,2012 年获一次欧洲大奖提名。

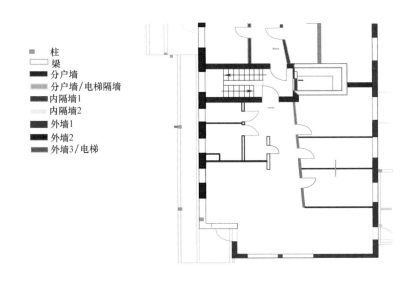

图例：
- 柱
- 梁
- 分户墙
- 分户墙/电梯隔墙
- 内隔墙1
- 内隔墙2
- 外墙1
- 外墙2
- 外墙3/电梯

图 5.38 楼层平面图

在防火和隔声方面，项目做了如下设计：

1）防火设计

采用喷淋装置。依照瑞典建筑法规，8 层建筑不强制采用喷淋装置，但该项目使用喷淋系统使得一些设计理念得以实现。例如朝南的外立面可以使用木材、西北侧的窗间距得以最小化，以及阳台 CLT 楼板的底面可以裸露在外。公寓之间都有防火分区，按照瑞典规范，防火设计等级为 EI60，底层的储藏间设计等级为 EI30。瑞典防火法规对建筑中采用何种材料不做具体规定和限制。

2）隔声设计

项目的隔声设计等级为 B 级以上。在 2 室 1 厨或更大户型中，主卧和卫生间做了特殊的隔声处理措施。楼层间墙体和各层楼板设计为非连续，以减少声音的侧向传播。墙体和楼板边缘部位用聚氨酯密封剂进行密封，以减少声音传播。

2.2 结构设计

项目 2～7 层主要采用 CLT 墙体和楼板的承重体系，传统轻型木骨架墙体作为单元分户墙体。楼板、外墙、分户墙构成建筑的抗侧力体系（图 5.39）。CLT 外墙为竖向传力的主要构件，各内墙墙体也传递部分竖向荷载，同时在某些位置设置胶合木梁、柱协助传递竖向荷载，以减小楼板变形。

建筑首层采用现浇混凝土结构，保证结构整体抗倾覆稳定性。为抵抗屋顶风吸力作用，每栋建筑中设置 48 根钢拉杆，下端锚固于首层混凝土结构内，向上穿过内墙，贯通建筑高度直达顶层楼盖。单根拉杆长度为每层层高，层间采用带螺纹的钢套筒连接，顶部用厚钢板和螺帽紧固（图 5.40 和图 5.41）。这一结构设计可使风吸力直接沿锚杆传至基础，而无须在各层间设置抗拉连接件。钢拉杆施工完成后一段时间后需复拧拉紧，以消除钢材松弛、木材蠕变或干缩变形引起的应力损失。

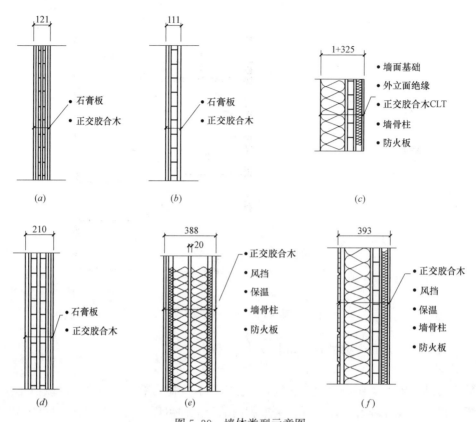

图 5.39　墙体类型示意图

（a）内隔墙 1；（b）内隔墙 2；（c）外墙 1；（d）内隔墙 3；（e）分户墙；（f）外墙 2

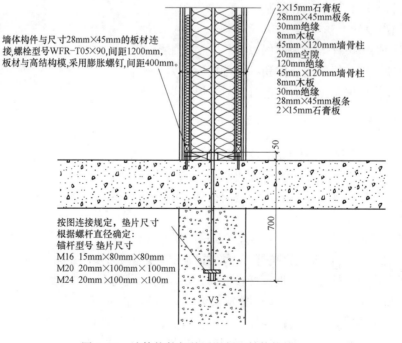

图 5.40　墙体构件与首层混凝土结构连接

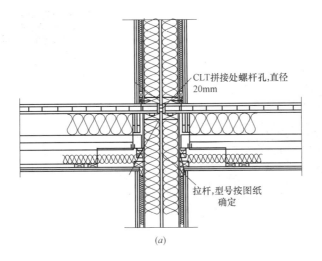

CLT拼接处螺杆孔,直径
20mm

拉杆,型号按图纸
确定

(a)

(b)

(c)

图 5.41 钢拉杆连接构造
(a) 拉杆连接示意图；(b) 拉杆顶部连接构造；(c) 拉杆层间连接构造

2.3 设备管线系统技术应用

沿楼板长度方向铺设的管线多数在工厂预制安装，沿楼板横向布置的管线在现场进行安装。安装项目包括通风、水暖、电气和喷淋系统。项目采用了地暖加热系统（水热），地板沿长度方向预先开槽，安装时根据现场情况适当开槽，以使其与加热管线匹配（图5.42）。每套公寓的供热中央控制系统放置于储藏室内。

2.4 装饰装修系统技术

依照瑞典传统习惯，所有公寓在用户入住前均要装修完成，包括涂装、地面、橱柜、厨房电器和卫生间配套设施等。承重结构均不外露，表面覆盖 1～2 层防火石膏板，并刷涂料或贴壁纸。顶棚采用双层 13mm 的石膏板并喷刷涂料。除卫生间地面外，其余地面铺设橡木实木地板。卫生间地面及墙面粘贴瓷砖，部分墙面采用橡木板条装饰。楼梯通道采用木结构，平台为混凝土结构，以达到不燃要求。阳台为 CLT 板，采用防腐处理过的

图 5.42　管线预制与现场铺设

胶合木梁、柱作支撑，底部表面裸露，上表面覆盖橡胶垫及木地板。

2.5　信息化技术

项目 2006 年设计时，瑞典的木结构建筑还未普遍采用 BIM 技术，而采用传统的 CAD 软件进行设计和施工图绘制。在后期研究中，该项目的 2D 设计图被转化成 3D 模型，形成 VRML 进行时间效应分析和可视化展示。

鉴于项目的示范性及对木结构建筑节能效果的预期，采用 ENORM 软件进行系统监测。每个用户都单独注册了能耗监控网址，可在电脑或手机上看到自家水电气等的使用状态，实时了解能耗和相关费用信息，以此调整生活习惯，达到更高水平的节能并减少开支。

为监控木材材料和构件在建筑体系中的时变情况，设计公司与瑞典林奈大学木结构研究中心合作，在住宅楼公共空间部分和每层的重要部位安装监测仪器和设备，通过每年对设备及参数进行检查记录，监测变形等参数变化（图 5.43）。林奈大学把这些数据与政府、相关研究机构和住户进行分享，为木结构建筑企业提供技术支持和后续项目的合理化建议。

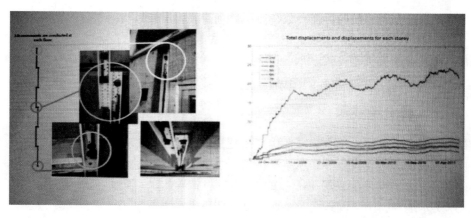

图 5.43　参数监测

3 构件加工、安装施工技术应用

3.1 木构件加工制作与运输管理

1）墙体

项目的承重结构采用了三种墙体，包括三层 CLT 板制作的外墙、木骨架墙体构成的分户墙、三层 CLT 板形成的户内隔墙。外立面刷涂料或外挂木质覆面板，墙体表面的石膏板现场安装（图 5.44）。

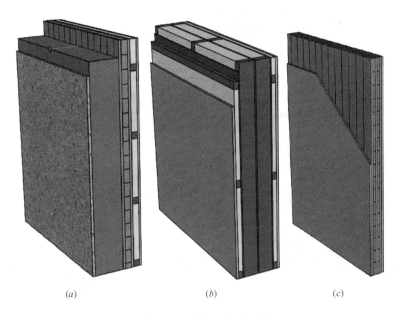

(a) (b) (c)

图 5.44　墙体结构示意图

（a）外墙；（b）分户墙；（c）内墙

2）楼板

每层楼面都由 30 个不同的楼板构件组成。承重部分为三层 CLT 构件，并用 T 型胶合木梁进行补强。胶合木梁间距 600mm，与其上覆的 CLT 楼板采用有效的抗剪连接方式，保证共同工作（图 5.45）。

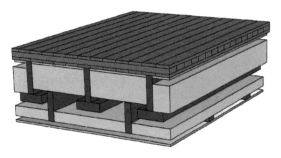

图 5.45　楼板结构示意图

3.2 装配施工组织与质量控制

项目在工厂加工、运输、安装等各个环节都非常重视构件的防水防潮。墙体和楼板构件在室内制作、储存。墙体构件用塑料薄膜包装，并覆盖防水帆布，竖向放置，用平板卡车运输。楼板构件用防水帆布覆盖，平置叠放，用有篷卡车运输。施工阶段采用大型建筑帐篷，以防天气变化带来的不利影响。帐篷内部配置吊车，最大承载力为 3.3t，满足构件最大重量 2.0t 的吊装要求。项目施工现场实景如图 5.46 所示。

图 5.46 施工现场防护

4 效益分析

4.1 成本分析

在项目设计阶段，项目咨询单位建议采取混凝土框架、木骨架墙体、外侧幕墙、混凝土电梯井的方案，且测算成本比该实施方案低 3%～4%。但考虑到木结构比混凝土结构的建造速度更快，且项目所在区域施工作业面较小、建设规模大的特点，经过经济性研究，最后开发商决定采用本实施方案。

项目建造总成本为 3.2 亿瑞典克朗，包括住宅楼、室内停车场、社区活动用房以及设备存储设施。不同户型的销售价格和租金也不相同，其销售价格为 16500～21400 克朗/m²，年租金为 640～740 克朗/m²。与同一地区采用混凝土建造的类似建筑相比，项目建造总成本降低 5%左右。

4.2　用工用时分析

整个项目分四期开发，总工期为 17 个月，平均单层施工安装大约 10 天，包括管理人员在内的现场人员仅有 10 人，与同一地区类似混凝土结构相比，工期可以节省约 60%。

4.3　节能低碳分析

项目建设时，当地法律规定的建筑能耗限制为每年 110kWh/m²，无论采用何种建材都需要达到法规规定的这一能耗指标，因此无法直接评价该项目的节能优越性。总体说来，木材传热系数比混凝土或钢材低，更容易达到上述能耗指标。另外，项目中每个公寓的耗能和耗水都是单独计量。依照初始预测，平均每年能耗可以控制在 90kWh/m² 以内，能耗可降低 30%。项目竣工后的几年里，实际计量得到的平均每年能耗为 66kWh/m²，比相同的混凝土结构可节约 35% 左右。

以 50 年生命周期考虑，此项目具有优良的 CO_2 固化及减排作用。综合考虑材料加工、构件生产、建造过程、材料应用和损耗以及再生利用等方面因素，项目每平方米固化 62kg 的 CO_2，与混凝土结构相比，减少碳排放 60% 以上。

5　存在不足和改进方向

该项目不仅是一个住宅开发项目，也是一个技术研发项目，其建筑体系和技术在项目进行过程中不断发展完善。虽然项目实施过程中出现了一些问题，但这些问题在项目的第二期都得到了避免，也为后来的项目积累了很多经验，如 2010 年开始建造的韦克舍 8 层被动房项目 Portvakten 以及斯德哥尔摩 8 层 CLT 项目 Strandparken 都在此基础上有新的技术发展。

该项目的经验及建议：

（1）所有参与方（土地所有者、政府、开发商、建筑师、设计师和建筑系统供应方）都应该积极参与项目相关技术和系统的开发。成功的项目组织往往是各参与方在项目规划与设计的早期阶段就参与进来，并妥善记录结构体系、安装方法、项目管理等方面的经验，通过相互分享，以促进后来项目更加完善；

（2）大型木结构项目的动议和推进通常是出于环保和质量等方面的考虑，如果政府部门早期介入，将更有利于项目的实施；

（3）开发商、建筑师、设计师、系统和材料供应商、总包商和分包商（包括安装和内装饰）应从开始阶段就建立有效的沟通交流机制；

（4）对于大型木结构建筑，需考虑一些关键因素：①因为隔声性能直接关系到居住的舒适性，其性能标准的确定应由系统供应商和客户之间协调确定；②外立面的围护成本要从整个建筑生命周期考虑，短视的投资决策可能会导致长期成本的增加；③为避免在施工现场过多的安装工作，应大力推进工厂预制化和安装集成化；④在实施阶段，明确恶劣气候条件下的防护措施；

（5）对建筑装配化的水平进行跟踪、评估，重视对安装时间和安装过程中的环境状况进行记录；

（6）建立项目经验的反馈机制，该项目从第 1 栋楼到第 4 栋，不断的经验反馈和总结显著提升了建筑质量；

（7）安装过程实现流水作业。项目木结构安装过程中，通过分工流水作业，使施工效率提高了 20％左右；

（8）完善物流交通计划。项目施工现场空间有限，没有供储存材料和构件的空间，确保物流的时效性对于保证施工进度非常重要。

【专家点评】

该项目是瑞典的首个木结构高层住宅，共 8 层，为典型的上下混合结构。该项目具有很强的示范作用，为后期的多高层项目提供了宝贵的工程实践经验和技术改进空间。

该项目底部 1～2 层采用混凝土结构，不仅能够显著增大结构刚度，更重要的是提高整体建筑防火性能以及防积水防虫蚁等耐久性能，和纯木结构的高层建筑相比，上下混合结构的适用性更广。其上部结构的承重结构采用正交胶合木 CLT 构件建造，包括墙体和楼板，组成剪力墙结构。此外还采用钢拉杆来抵抗风荷载，并采用 T 型胶合梁对楼板进行了增强。

该建筑体系的建造全过程，基本实现了工厂化生产、装配化施工，包括沿长度方向的管线都基本在工厂预制安装好。在装修方面品质较高，兼顾了外露木材的美观和防腐耐久性能。

从建造成本上来看，由于木构件采用工厂预制，质量轻便于运输安装，安装过程逐步实现了流水作业，显著降低了建设工期以及人工费用。并且木材保温性能优越，后续服役过程的能源消耗低。对该项目的能耗实际监控表明，其能量消耗比混凝土结构整体节约35％。因此从建筑全寿命的角度来看，采用木结构可取得明显的经济效益。

木结构建筑在节能固碳、保温隔热、舒适度等方面具有明显的优势，该案例是利用多高层木结构体系的一次成功尝试，不仅保证了结构受力性能，而且在装配化施工和隔声保温等方面都做出了积极探索，可在我国借鉴推广，推动绿色建筑产业的发展，促进传统建筑企业的转型升级。

（颜锋：富力地产有限公司，研究员，设计院结构室主任）

案例编写人：

姓名：张绍明

单位名称：欧洲木业协会

职务或职称：中国区首席代表

第6章 技术体系之四：混合结构技术体系

【案例8】 三峡木业综合商务楼

项目位于黑龙江省东南部东北亚经济圈中心地带的绥芬河市，绥芬河市平均气温为2.4℃，最高气温30.7℃，最低气温－28.1℃，年无霜期162天，年总降水量782.5mm。该建筑主要功能为办公、接待。设计宗旨是体现木结构建筑的美感，保证建筑的结构高强度性和高耐久性，同时也要满足建筑的耐火要求。由于当地气候条件特殊，为满足施工周期短的要求，本工程采用了装配式木钢复合框架结构体系，主要结构构件采用木钢复合集成构件，其他部分构件采用胶合木构件，墙体内、外装饰均采用木质材料，所有构件均在工厂内加工。该装配式木钢复合框架结构建筑，在国内属于首例。

1 工程简介

1.1 基本信息

(1) 项目名称：三峡木业综合商务楼
(2) 项目地点：黑龙江省绥芬河市北寒工业园
(3) 开发单位：绥芬河三峡木业有限公司
(4) 设计单位：大连双华木结构建筑工程有限公司
(5) 施工单位：大连双华木结构建筑工程有限公司
(6) 构件加工单位：大连双华永欣木业有限公司
(7) 进展情况：2017年7月竣工

1.2 项目概况

项目位于黑龙江省绥芬河市北寒工业园内，建筑面积为366.64m²，高度为10.4m，主要用于接待国内外客商。项目整体造型庄重典雅，布局严谨，内部裸露的梁柱很好展现了木结构建筑的恢宏大气，室内空间宽敞，配套设施完善、功能齐全。建筑一层主要作为接待大厅使用，内设接待室、咖啡、茶吧等。二层主要作为会议室使用，通过隔断进行分割，整体空间功能排布有序。项目采用了木钢复合构件框架结构形式，所有构件实现了工厂预制加工和现场装配，施工周期共60天。项目实景见图6.1、室内效果见图6.2。

图 6.1　项目实景

图 6.2　室内效果图

1.3　工程承包模式

本项目采用工程总承包模式。

2　装配式建筑技术应用情况

2.1　建筑设计

建筑设计参考了中式建筑的对称形式，一层外围设置回廊，作为较多人员流动时的缓冲区域，并通过大跨度、大空间设计，满足多功能的集会等需求。屋面参考中式建筑庑殿式屋面。屋檐悬挑部分采用大悬挑屋檐，并裸露双层檩条。平面图、立面图如图 6.3、图

146

6.4 所示。钢框架示意图、木包钢示意图以及建筑整体示意图如图 6.5～图 6.7 所示。

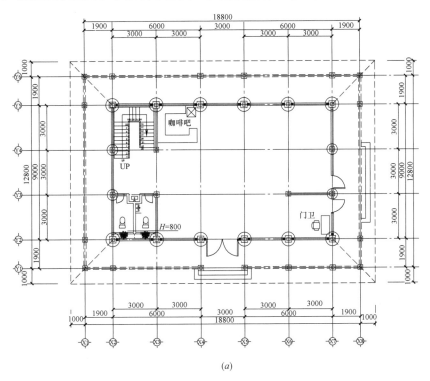

(a)

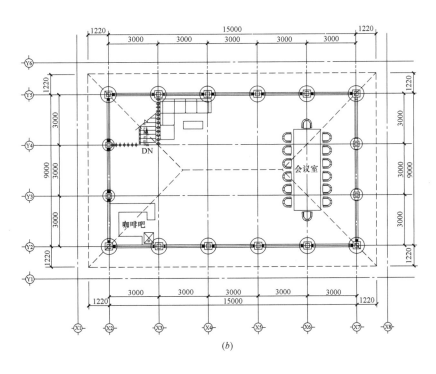

(b)

图 6.3　项目平面图

（*a*）一层平面图；（*b*）二层平面图

图 6.4　项目立面图

（a）南立面图；（b）东立面图；（c）北立面图；（d）西立面图

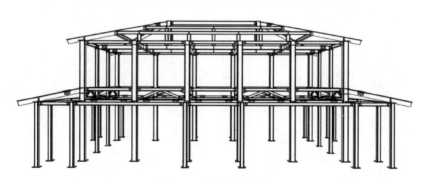

图 6.5　钢结构示意图

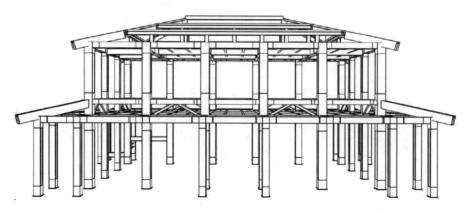

图 6.6　木包钢示意图

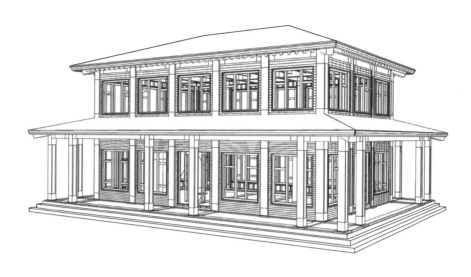

图 6.7　建筑整体示意图

建筑设计符合国家标准《木结构设计标准》GB 50005、《建筑设计防火规范》GB 50016 的规定；热工与节能设计符合国家标准《民用建筑热工设计规范》GB 50176、《公共建筑节能设计标准》GB 50189、《严寒和寒冷地区居住建筑节能设计标准》JGJ 26、《夏热冬暖地区居住建筑节能设计标准》JGJ 75 的规定；采光性能符合国家标准《建筑采光设计标准》GB 50033 的规定。

2.1.1　防火设计

胶合木构件表面燃烧形成碳化层后，能够起到很好的隔热效果，减缓碳化层下未燃烧木材的燃烧速度。因此，胶合木结构的防火设计可根据木材自身的燃烧特性，在满足结构安全所需要规格的基础上，通过增加耐火层厚度（即增加梁、柱的截面尺寸或楼板、屋面板的厚度），来达到防火要求。《建筑设计防火规范》GB 50016—2014 中规定，梁、柱的耐火极限为 1.00 小时。但目前，依靠胶合木自身燃烧能达到 1 小时耐火极限的木结构构件开发仍是难点。本项目采用的木钢复合梁柱，通过在钢构件表面增加 60mm 的木结构覆盖层作为防火层，有效提高了构件耐火极限和整体结构强度（图 6.8）。

图 6.8　木钢复合梁结构示意图

2.1.2　耐久性设计

为防止结构受潮（包括直接受潮和冷凝受潮）而引起木材腐朽或蚁蛀，本项目从建筑构造上采取了通风和防潮措施。胶合木原材料使用从欧洲进口的木结构用材，并经过烘干脱脂处理，使木材含水率达到 12%～14%，强度等级符合现行国家标准。结构用胶能够保证其胶合强度不低于木材顺纹抗剪和横纹抗拉的强度，其耐水性和耐久性与结构用途和使用年限相适应，并符合环境保护的要求。

2.1.3　墙体保温设计

由于项目处在寒冷地带，因此外围护墙体采用双重保温形式（图 6.9），墙体在工厂组合并安装墙体内保温材料后在现场进行整体安装，组合墙体安装调整完成后，再安装墙体外层保温和外墙挂板。

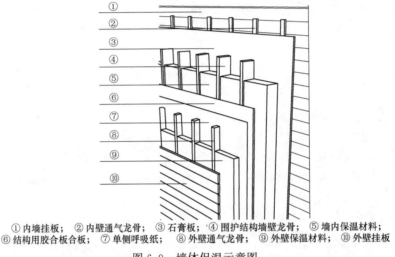

①内墙挂板；　②内壁通气龙骨；　③石膏板；　④围护结构墙壁龙骨；　⑤墙内保温材料；
⑥结构用胶合板合板；　⑦单侧呼吸纸；　⑧外壁通气龙骨；　⑨外壁保温材料；　⑩外壁挂板

图 6.9　墙体保温示意图

2.2　结构设计

项目采用木钢复合构件梁柱框架体系，即木钢复合梁、柱连接部位通过采用钢结构高强螺栓实现刚接或者铰接，以共同抵抗建造和使用过程中出现的水平荷载和竖向荷载，设计更加刚性灵活。相关节点、构件布置见图 6.10～图 6.12。

项目共使用欧洲赤松木钢复合（木包钢）构件 167 根，根据使用部位的不同，采用了单面、双面、三面及四面的复合形式。此外，项目还使用欧洲赤松胶合木构件 362 根，辅料均为木质或改性生物质材料。水平木钢复合梁最大跨度为 9m，屋面悬挑最大长度为 1.6m。

项目选用 Q235B 钢材，复合钢梁采用 H 型钢（H200×200×8×12；H294×200×8×12）和 T 型钢（T300×200×11×17），木钢复合柱采用方管（口 300×300×20；口 200×200×20）和 H 型钢（H200×200×8×12），符合国家标准《碳素结构钢》GB/T 700 的规定。节点设计及建筑抗震等均满足《钢结构设计标准》GB 50017、《建筑结构荷载规范》GB 50009、《建筑抗震设计规范》GB 50011 的要求。

作为保护层的木材均采用欧洲赤松，经过二次干燥处理，木材平均含水率在12%～14%，强度等级符合国家标准《胶合木结构技术规范》GB/T 50708—2012；结构用胶满足结合部位的强度和耐久性及环境保护的要求。木材与钢材复合后，木材在钢材表面形成60mm 的保护层。

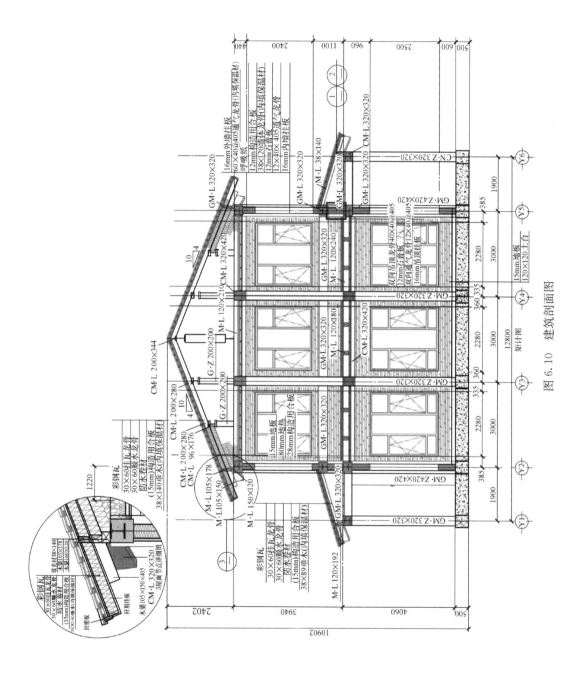

图 6.10　建筑剖面图

木钢复合梁柱构件可最大限度地发挥各种材料的优越性，弥补各自的力学及性能缺陷，有效提高木质建筑构件的跨度和强度，丰富木结构的表现形式。该结构不仅解决了建造大跨度及复杂形状时木结构构件过大尺寸的问题，同时也解决了木结构建筑大跨度、高层建筑的安全性和耐久性的问题。

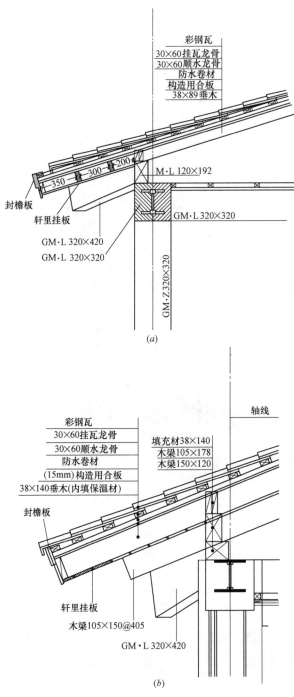

图 6.11　建筑节点设计图

(a) 一层屋顶节点大样图；(b) 二层屋顶节点大样图

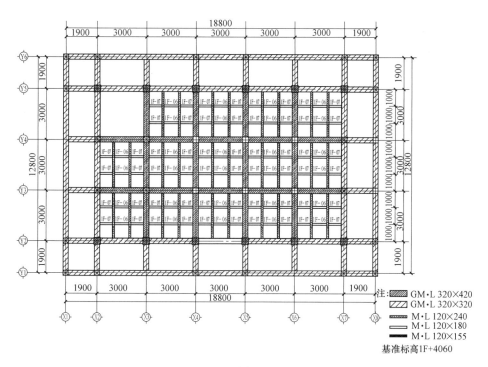

注：
▨ GM·L 320×420
▨ GM·L 320×320
▤ M·L 120×240
▭ M·L 120×180
▬ M·L 120×155
基准标高1F+4060

(a)

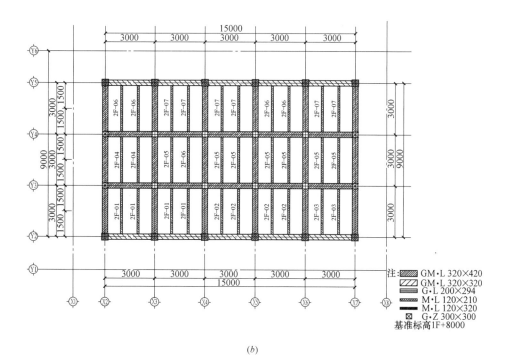

注：
▨ GM·L 320×420
▨ GM·L 320×320
▤ G·L 200×294
▬ M·L 120×210
▬ M·L 120×320
⊠ G·Z 300×300
基准标高1F+8000

(b)

图 6.12 木梁布置图

（a）一层纯木梁平面布置图；（b）二层纯木梁平面布置图

2.3 设备管线系统技术应用

本项目的使用功能固定，仅有地暖和给水排水系统，因此设备管线系统简单。木结构墙内部分及穿越部分在工厂内预留孔洞，并遵循"小管避让大管，管道越大优先级越大；有压管避让无压管；强、弱电分开配置；电气管道避让热水和蒸汽管道；一般管道避让动力管道；同等情况下造价低的管道避让造价高的管道"的原则进行模拟及排布，减少现场施工的难度。

2.4 装饰装修系统技术应用

框架安装后，按照编号对应排布和安装墙体。墙体按图纸，事先在工厂进行加工。室内部分的木钢复合结构梁、柱外露，墙面、顶面采用进口欧洲赤松装饰挂板，室外采用进口碳化木批叠板进行装饰。装饰挂板按照选材、开槽、打磨、擦色、裁切、定长等工序，在工厂进行批量加工生产，极大地提高了板面的质感、观感，同时避免了对现场环境造成污染，提高了施工速度。

2.5 信息化技术应用

本项目主体建筑结构采用 PKPM 进行演算，并通过相关数据进行节点设计。使用木结构专业软件 AKZ 进行木结构部分的设计，梁柱组合和墙板等通过三维模型进行确认，利用信息化技术在结构设计和加工、装饰方面实现成本控制及安装进度预演等。

3 构件加工、安装施工技术应用情况

3.1 木构件加工制作与运输管理

木钢复合构件和木构件均在工厂进行加工合成，构件表面涂装和连接节点均在工厂内进行。

（1）钢构件制作。构件所采用 Q235、Q345 钢，其质量分别符合现行国家标准《碳素结构钢》GB/T 700 和《低合金高强度结构钢》GB/T 1591 的规定，钢材应按种类、材质、炉批号、规格等分类在厂房内平整堆放，并做好标记，避免露天放置。焊条符合国家标准《非合金钢及结晶粒钢焊条》GB/T 5117、《热强钢焊条》GB/T 5118 要求。为保证钢构件的尺寸稳定性，钢构件下料阶段避免使用火焰切割，节点加工必需焊接时，尽量避免焊接导致产生变形，焊接完成后进行校正。钢构件表面除锈后放置时间不大于 1 小时，木钢复合时保证其表面干净无锈。

（2）木构件制作。木材进行二次干燥，使木材平均含水率不大于 10%；胶合木构件加工组胚前，按照设计图纸强度要求对板材的强度级别进行无损检测分等，并分类码放；层板任意 1m 长度范围内的最大厚度偏差不能大于 ±0.2mm；严格控制层板加工后至涂胶合成的放置时间。加工现场如图 6.13 所示。

（3）木—钢构件组合制作。制作前对部件图纸进行二次确认，然后通过数控加工设备对木构件进行开槽，槽的深度余量不大于 ±3mm，槽的宽度余量不大于 ±1.5mm。开孔误差不大于±0.5mm。木构件表面涂刷胶粘剂与钢构件贴合，进入冷压机加压胶合。木包钢构件加工照片如图 6.14 所示。

（4）运输。构件运输前进行包装，对边角部宜设置保护衬垫。运输时采取防止组件移动、倾倒、变形等固定措施。预制木结构组件水平运输时，将组件整齐地堆放在车厢内。梁、柱等预制木组件分层分隔堆放，上、下分隔层垫块竖向对齐，悬臂长度不宜大于组件长度的

图 6.13　木构件加工照片（定长切割）

1/4。在雨天做好防护措施，防止裸露的钢构件生锈。构件运输如图 6.15 所示。

图 6.14　木包钢加工照片

图 6.15　构件运输照片

3.2 装配施工组织与质量控制

项目施工前，针对装配式木钢复合构件框架结构体系进行了施工组织设计，制定了专项施工方案。施工组织设计的内容符合国家标准《建筑施工组织设计规范》GB/T 50502、《木结构工程施工规范》GB/T 50772、《钢结构工程施工规范》GB 50755 的规定；构件安

装顺序、节点连接先后顺序、预紧固及最终固定顺序以及安装的质量管理及安全措施等均符合设计要求（图 6.16）。

施工现场具有严格的质量管理体系和工程质量检测制度，实现施工过程的全过程质量控制，符合国家标准《工程建设施工企业质量管理规范》GB/T 50430 的规定。主体结构安装时按照施工组织设计的安排进行了数字化模拟安装，在对各部分安装顺序及安装精度质量的

图 6.16 现场施工

控制进行分析后，进行整体施工安装。

4 效益分析

项目相较于传统胶合木框架结构，同等跨度梁的强度有所提高，截面尺寸有所减少。在建筑空间得到满足的同时，木钢复合材料保证了建筑构件的安全稳定。

另外，项目采用装配式施工方式，使用的构件及内装材料均在工厂内生产加工，包装好直接运输到现场进行安装，减少了现场施工的人员费用，施工周期短，节约了建造成本。

5 存在不足和改进方向

（1）木钢复合木结构构件的复合尚需专用设备进行加工，才能保证复合后产品的质量稳定，广泛推广需行业整体技术及设备能力的提高。

（2）木钢复合构件现场的节点安装，较为复杂，工艺要求高，节点的标准化程度需要提升。

（3）雨季施工时，木钢复合构件的现场堆放保护和成品保护措施要求较高。

（4）施工过程中，应采取合理措施，防止构件表面污染。

【专家点评】

该案例借鉴了我国传统梁柱式木结构建筑的外观与构造形式，造型简洁。采用现代材料加工制造技术、工程结构设计方法及装配式建筑思想，创新地提出了一种装配式钢木复

合构件框架结构体系。该体系的梁跨度达 9m，可以满足一般办公、接待或居住等常用功能需求，适用范围较广；采用装配式加工及安装方法，施工速度快、污染小；具有框架结构体系的结构布置灵活、空间利用率高的优点；构件采用木包钢技术，充分利用了钢材强度高的特点，并通过包木的方式提高了钢材的抗火性能；木包钢构件的木材外露，观感与木结构无异、建筑的舒适性高；构件之间通过构件直接连接，强度有较好的保障，且便于装配化施工，应用前景良好。

作为一种新型钢木混合结构，其目前仍然处于研发与推广阶段，有改进和提高空间。对于本案例的钢木复合构件，其共同受力工作机理尚未阐明，故设计时尚只能按单一材料构件进行设计，另一种材料的增强作用只能作为安全储备，建议对构件的受力机理开展研究，提出相应的设计或性能评价方法。另外，钢构件和包裹木材之间没有连接，二者之间共同工作效果不佳，尤其是作为受弯构件时，二者之间的剪力无法有效传递。故建议继续对该类构件进行技术改进。

综上，该案例具有较好的推广应用前景，同时仍然有一定的改进空间，希望企业在应用过程中积累相关经验，并积极开展必要的理论及试验研究，使得该体系逐渐完善。

（任海青：中国林业科学研究院木材工业研究所，

木材力学与木结构研究室主任，研究员）

案例编写人：

姓名：陈志坚

单位名称：大连双华木结构建筑工程有限公司

职务或职称：总经理

【案例 9】　北方硅谷高新技术产业园木结构办公楼

北方硅谷高新技术产业园木结构办公楼项目位于河北省张家口市桥东区。项目包括 7 栋办公楼，每栋研发楼的建筑面积均在 1800m² 左右，包含地上 3 层和地下 2 层，建筑高度 14.8m，采用胶合木框架—钢筋混凝土抗震墙（核心筒）混合结构体系。采用 YJK 建筑结构计算软件和通用结构计算软件 MIDAS/Gen 建立整体力学模型进行结构计算和设计，并结合木结构建筑和本项目的特点，对给水排水工程、电气工程和暖通工程分别采取了特殊设计。室外装饰装修部分采用了物理性能稳定的深度碳化木。除现浇混凝土核心筒等钢筋混凝土结构外，木构件全部采用工厂预制和现场快速拼装的方法，预制装配率和施工效率高。项目的设计施工采用中外合作模式，以求在借鉴国外先进经验的同时，学习并发展具有我国特色的木结构建筑产业体系。

1　工程简介

1.1　基本信息

（1）项目名称：北方硅谷高新技术产业园木结构办公楼

(2) 项目地点：河北省张家口市桥东区

(3) 建设单位：张家口空港经济技术开发区管理委员会、河北国控北方硅谷科技有限公司

(4) 设计单位：上海陆誉工程设计管理有限公司

(5) 材料及施工单位：DV（加拿大）Bois Francs 公司、第威贸易（上海）有限公司、江苏金轩建设工程有限公司

(6) 竣工日期：2016 年 7 月 31 日

1.2 项目概况

北方硅谷张家口高新技术产业园位于张家口市桥东区，占地 150 亩，建筑面积 21 万 m^2，项目一期包含 19 栋办公楼。为体现绿色环保、低碳节能的理念，项目开发单位引进了加拿大现代木结构建筑设计和施工技术，将其中的 7 栋办公楼采用木结构的建造形式（图 6.17）。

本项目强调人性化的设计原则，在整体尺度把控和环境设计方面重视使用者的体验，并通过宏观总体规划和具体细节设计来实现这一原则。针对所处地理位置及周边环境的特点，结合业主要求及城市规划部门意见，在充分研究规范规定和现有条件的基础上，项目进行了合理而有效的规划布局。

本项目规格板材和预制构件全部采用进口，并直接从口岸运输到项目现场。结合现代

图 6.17 项目实景

大型木结构建造施工特点，项目施工采用中外合作模式，由国外专家团队现场指导管理，国内施工企业全面实施配合，以确保安装质量及施工安全。

1.3 工程承包模式

本项目的工程承包模式采用工程总承包模式。

2 装配式建筑技术应用情况

2.1 建筑设计

北方硅谷一期是以科研研发为主，融合商业、餐饮、公寓和娱乐休闲等功能的第四代

新型产业园。项目将住宿、餐饮等相关服务设施集中布局，很好地解决了传统产业园中入驻单位重复建设的问题，提升了园区的整体形象。项目参考混凝土框架—剪力墙结构体系的特点，借鉴加拿大木结构建筑设计经验，确定本项目采用装配式木结构体系。每栋研发楼的建筑面积均在 1800m² 左右，主要服务于高端企业。建筑 2 层和 3 层均设计了大景观露台，建筑外立面设计为现代风格，主要采用节能玻璃幕墙。建筑设计使用年限为 50 年。图 6.18 为项目主体结构。

图 6.18　项目主体结构

1）平面、立面设计

平面设计主要考虑项目的功能性和立面造型要求，将电梯间和卫生间集中布置在中部，其余部分划分为两类大空间区域，分别用于研发办公和展示休息，具体布置可由入驻企业根据需要自行设计。另外，二层和三层平面相较一层平面依次缩小，以形成大景观露台，在提供了不同于普通办公楼的室外观景功能的同时，丰富了建筑立面。图 6.19 为项目平面布置示意图。

项目立面约 2/3 的面积采用玻璃幕墙，不仅能够提供了优越的采光条件，而且增加了室内外通透感。其余部分墙面开设了若干小窗，在满足功能性的同时，建筑立面也更加活泼。图 6.20 为项目立面图，图 6.21 为项目完成后立面实景。

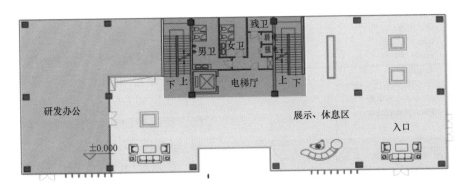

图 6.19　项目平面布置示意图

2）防水设计

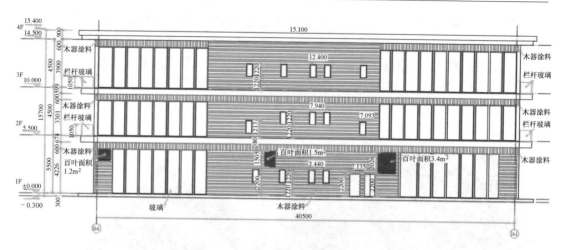

图 6.20　项目立面图

图 6.21　项目立面完成实景

　　本项目设计屋面采用两道防水设防，平屋面采用有组织内排水，施工中严格遵照有关规定，与设备安装工作密切配合，确保屋面排水畅通。地下室防水等级为二级，地下室种植顶板防水等级为一级。

　　3）防火设计

　　项目建筑防火等级为一级。一层建筑面积超过 600m²，设置两个防火分区；二层和三层每层设置为一个防火分区。每层平面内设置两个开敞楼梯间，满足双向疏散要求。

　　楼板采用防火石膏板（2×15mm）＋木龙骨＋阻燃岩棉（厚 235mm）＋定向刨花板（厚 18mm）的做法，如图 6.22 所示。防火隔离墙采用防火石膏板（3×15mm）＋不锈钢轻钢龙骨（100 系

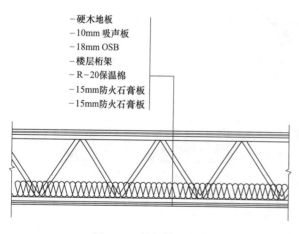

　　－硬木地板
　　－10mm 吸声板
　　－18mm OSB
　　－楼层桁架
　　－R-20 保温棉
　　－15mm 防火石膏板
　　－15mm 防火石膏板

图 6.22　楼板做法大样图

列材)＋阻燃岩棉（厚 235mm）。

4）防腐设计

项目所有埋入混凝土及砖墙中的木构件均涂氟化钠红色素水溶液一道，金属构件除油去锈，再刷防锈漆二道。所有露明金属构件除油去锈，再刷防锈漆打底，刷灰色调和漆二道。

5）主要设计依据

本项目建筑设计的主要依据有：《民用建筑设计通则》GB 50352、《建筑设计防火规范》GB 50016、《公共建筑节能设计标准》GB 50189、《人民防空地下室设计规范》GB 50038、《人民防空工程设计防火规范》GB 50098、《夏热冬冷地区居住建筑节能设计标准》JGJ 134、《民用建筑工程室内环境污染控制规范》GB 50325、《建筑工程交通设计及停车库（场）设置标准》DGJ 08-7、《城市居住区规划设计规范》GB 50180 和其他相关规范、标准等。

2.2 结构设计

项目建筑抗震设防烈度为 7 度。结构形式采用胶合木框架—钢筋混凝土剪力墙混合结构体系，即以木框架梁柱为主要竖向传力构件，以设置在中部交通核心区的混凝土（核心筒）墙体为主要抗侧力结构。项目采用的胶合木框架梁截面尺寸为 240mm×560mm 和 240mm×720mm，胶合木框架柱截面尺寸为 240mm×240mm 和 360mm×360mm；混凝土墙设计厚度为 200mm。楼面采用密布 SPF 规格材木搁栅桁架上覆 OSB 定向刨花板的楼面体系。结构平面见图 6.23，图中除纵横木框架梁外，横向布置的均为小型木搁栅。楼面体系涉及的主要节点做法如图 6.24 所示。

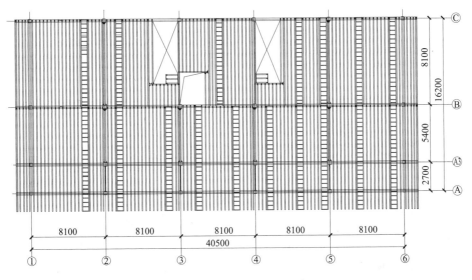

图 6.23 结构平面图

项目结构设计使用年限为 50 年，安全等级为二级，重要性系数为 1.0，抗震设防类别为标准设防类（丙类）。建筑恒荷载及竖向活荷载均按建筑功能、所用材料和做法，依照国家规范计算选用。结构设计的主要依据有：《工程结构可靠性设计统一标准》GB

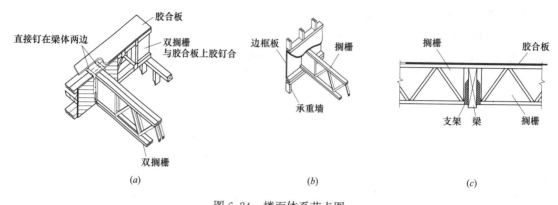

图 6.24　楼面体系节点图

(a) 搁栅间标准接口；(b) 边框板与搁栅垂直连接标准节点；(c) 搁栅与木梁标准接口

50153、《建筑工程抗震设防分类标准》GB 50223、《建筑结构荷载规范》GB 50009、《木结构设计标准》GB 50005、《胶合木结构技术规范》GB/T 50708—2012、《轻型木桁架技术规范》JGJ/T 265、《建筑抗震设计规范》GB 50011、《建筑设计防火规范》GB 50016 等。

1）地震荷载

建筑抗震设防类别：标准设防类（丙类）

抗震设防烈度：7 度

设计基本地震加速度：0.1g

设计地震分组：第一组

场地类别：Ⅲ类

场地特征周期：0.45 秒

2）风荷载

张家口市 50 年基本风压为 0.55kN/m²，场区地面粗糙度为 B 类，体形系数和风振系数按照荷载规范取值。

3）结构计算

项目采用 YJK 和 MIDAS/Gen 建筑结构计算软件建立整体力学模型，并进行内力、位移及应力计算。结构分析模型如图 6.25 所示。

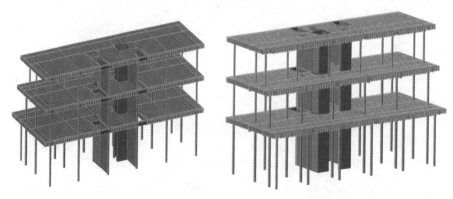

图 6.25　结构分析模型

4）连接节点设计

项目木结构采用"工厂加工、现场安装"的建造方式，地下室采用现浇钢筋混凝土结构。木框架柱通过混凝土基础上的预埋连接件与地下室混凝土结构进行连接，木框架梁和木搁栅通过混凝土剪力墙上设置的化学锚栓与混凝土核心筒进行连接（图 6.26）。木框架构件间的连接主要采用螺栓—钢填板形式（图 6.27）。

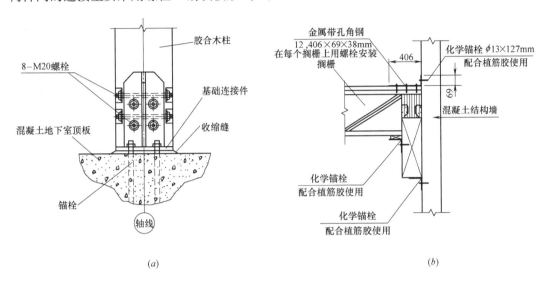

图 6.26　混凝土—木结构连接节点大样图
（a）木框架柱与混凝土基础连接节点；（b）木搁栅与混凝土剪力墙连接节点

图 6.27　木框架节点构造
（a）木柱与基础连接节点；（b）框架梁柱节点；（c）木梁与搁栅连接节点

2.3　设备管线系统技术应用

1）给水排水工程

由于项目所在地冬季气温较低，为预防水管结冰冻裂，屋顶雨水采用内排水单独排放，雨水经立管排至室外地面。主要设计要点有：

（1）给水排水预留冷凝水集中排放立管及设备平台地漏。

（2）配合建筑外形排布管线，预留穿越墙体套管，并在穿管处做防水处理。

（3）室内公共区域外露的给水管和消防管采用泡沫橡塑管壳保温，外包不燃性玻璃布复合铝箔防潮层及 0.5mm 厚铝合金薄板保护层。

其中，水槽和地漏的做法如图 6.28 和图 6.29 所示。

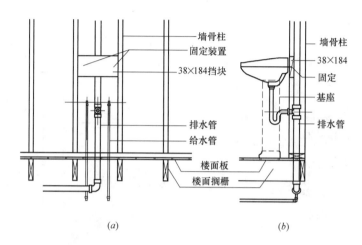

注：
①内墙覆板推荐横铺板。
②b为当层高大于2×1.2m时插入板的宽度。
③竖缝设在龙骨处，双层板板缝错开。
④底层板钉钉入龙骨≥60，面层板钉钉入龙骨≥20。

图 6.28　水槽典型做法大样图

（a）水槽加固立面图；（b）水槽加固剖面图

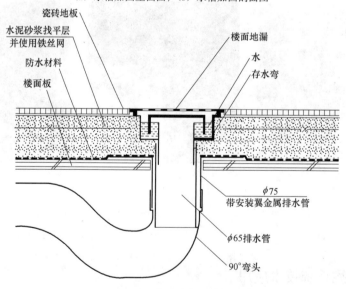

图 6.29　地漏典型做法大样图

2）电气工程

本项目在电气施工设计方面与常规项目的区别主要体现在以下几个方面：

（1）为保护建筑物免遭雷击及其导致的火灾隐患，本项目将引下线沿建筑物外墙设卡子明敷，保证其与建筑物距离不小于 10cm，确保雷电流安全引下；

（2）电气安装中，电气预留空调电量及插座位置，穿过木构件的线缆采用金属套管保护，以确保消防安全；

（3）电气配管安装采用在构件上钻孔或开槽的方式，为降低和避免孔洞对构件承载力的影响，设计和施工过程需满足以下几点要求：①托梁末端顶部开槽位置应距支撑边缘不超过托梁深度的一半，凹槽深度不超过托梁深度的 1/3；②托梁上钻孔尺寸不应大于托梁深度的 1/4，且距托梁边缘至少应达到 50mm；③若墙间柱上的槽口或钻孔尺寸超过墙间柱深度的 1/3，则须采取加强措施。

3）暖通工程

预留 VRV 多联中央空调及分体空调位置，设备、管件、土建之间的连接均采用标准化接口。管道穿过楼板、墙体处采取防火、防水、隔声保护措施。管线与预制构件上的预埋件连接可靠。空调水管道（冬季 60/50℃）通过木构件时，采用非燃烧材料保温隔热。

2.4 装饰装修系统技术应用

本项目室外露台踏步板和外墙挂板均采用深度碳化木，以南方松无节材为外墙挂板材料，70 年以上白蜡硬木无节材为踏步板材料。深度碳化后的木材含水率低，物理性能稳定，抗紫外线和抗腐蚀性强。外墙挂板、踏步板刷二道木蜡油，以避免其受高温、紫外线、雨水和白蚁的侵蚀。

在外墙内层铺设阻燃保温材料，提高保温和隔声效果，墙体外板采用 OSB 定向刨花板和双层 15mm 厚防火石膏板，以保证防火阻燃性能。1～3 层地板均采用加拿大东部所产枫木，楼内东、西侧木结构楼梯采用枫木板材，木纹清晰美观。室内楼梯装修过程和效果如图 6.30 所示。

图 6.30 室内楼梯装修过程及完成图

3 构件加工、安装施工技术应用情况

3.1 构件加工制作与运输管理

除现浇混凝土核心筒外，本项目采用的木梁、木柱、楼板等结构构件均在工厂进行预制，现场快速拼装，具有较高的预制装配率，大大提高了施工效率。其中，木构件和金属连接件均由国外定制加工，采用海运方式，周期约 40～45 天。

3.2 装配施工组织与质量控制

项目施工采用中外合作模式，由国外专家团队现场指导管理，国内施工企业全面实施配合，以确保安装质量及施工安全。

项目施工需要各工种之间的密切配合。施工前，将各专业图纸核对无误后再进行施工；施工中，按图纸要求预留洞口和安装预埋件，当发现功能上不合要求或互相矛盾时及时与设计单位联系。图 6.31 为项目现场装配实景。

(*a*)　　　　　　　　　　　　(*b*)

(*c*)

图 6.31　现场装配实景
(*a*) 木梁柱安装；(*b*) 楼板吊装；(*c*) 立面施工

4　效益分析

4.1　经济效益

本项目采用集成模块化建筑结构安装施工方法，施工效率较传统方法可提高 15%～20%，使用面积可增加 5% 左右，施工成本也更低。另外，木材热阻值约为混凝土的 10 倍，节能效果好，运营成本低。

4.2　环境效益

项目建筑面积 21 万 m^2，据测算，其中 19 栋钢筋混凝土办公楼约排放 $960tCO_2$，7 栋木结构建筑则固化 $150tCO_2$，固碳效果显著。同时，项目采用干法施工，现场污染物排放少、噪声低。

4.3　社会效益

张家口是 2022 年冬季奥运会的主办城市之一，将吸引来自全世界的目光，本项目作为特色的试点工程，以木结构为建造形式，体现了绿色奥运理念，有助于推动国内装配式木结构建筑项目建设和推广，促进建筑业的绿色转型发展。

5　存在不足和改进方向

本项目的木构件及连接件均从国外进口，在保证工程质量的同时也在一定程度上提高了工程造价。今后应着重加强国内木构件预制加工技术的研发和产业化应用，在吸收国外先进技术的同时，发展具有中国特色的装配式木结构建造技术，推动我国木结构产业的平稳发展。

【专家点评】

1）总体评价

高新技术产业园的办公楼建筑单体面积不大，整体效果简洁大方，主要功能为现代产业园内的办公用房。为与整体产业园风格统一，主体建筑采用了现代胶合木结构体系，提升了建筑品质。因单体面积不大，总体造价也可控。建筑单体结构体系为钢筋混凝土剪力墙—胶合木结构体系，两者结合相得益彰。采用胶合木这一绿色建筑材料，也充分体现绿色环保、低碳节能的发展宗旨。建筑单体平面布局实用合理，充分考虑了办公需要，建筑立面效果简洁明快、无异型造型，有利于提高建筑工业化程度。

本项目充分说明胶合木结构是一种装配化率较高的结构体系，在建筑体量不大但需要有一定建筑品质的现代园区用房项目中具有较高的推广价值。

2）项目优势

项目优势之一为除了钢筋混凝土核心筒需要现场较多人工外，胶合木结构均采用工厂加工制作，现场成品安装的施工方法，提高了现场装配化率及缩短了建设工期，切实有效地提高了建筑工业化程度。

项目优势之二为采用了胶合木梁柱构件配合部分玻璃幕墙直接作为建筑外立面效果，未设置多余的室外及室内装饰装修，节省了装修成本，节约了工期，加快了建设。

项目优势之三为结构形式采用了胶合木框架—钢筋混凝土核心筒结构体系，既利用装配化程度高的胶合木结构体系，又有效地解决胶合木结构体系抗侧能力较弱的问题，充分发挥了胶合木和钢筋混凝土各自的特性，将两者有机结合共同受力。

3）改进及建议

本项目采用的胶合木构件及金属连接件均为海外加工，海运至国内后安装，单位造价偏高，对于装配式木结构建筑的推广有一定的不利作用。随着近些年国内木结构产业的不断发展和胶合木材料工艺标准的不断成熟，胶合木结构完全可以采用国内的材料，提高结构材料的本土化率，也有利于进一步缩短胶合木构件的工厂加工工期，提高工业化程度，降低单位造价。

另外，本项目楼屋面为轻型木结构楼屋盖，墙体中也有部分为轻型木结构墙体，轻木楼屋盖及轻木墙体本身具有很高的预制装配化潜力，从提高工厂预制化角度考虑，轻木楼屋盖及轻木墙体均可分别在工厂加工成模块后运输至现场安装，能最大限度提高构件的预制率，但可能会不利于管线的安装。

（孙永良：同济大学建筑设计研究院（集团）有限公司，高级工程师）

案例编写人：

姓名：郭苏夷

单位名称：加拿大 DV 硬木公司

职务或职称：技术总监

【案例10】 莫干山裸心谷树顶别墅项目

莫干山裸心谷度假酒店项目获得美国绿色建筑（LEED）铂金认证。采用结构保温板（Structural Insulated Panels，SIPs）和胶合木混合体系建造完成。该项目采用低碳节能环保建筑材料，将结构和保温构件在工厂一次完成。主体构件经过高度预制加工，实现现场快速拼装和架空建造，尽最大可能减少了对山体及环境的破坏、减少了建筑垃圾排放，是预制装配式木结构建筑体系在山体类建筑批量应用的成功案例。裸心谷项目对于旅游度假类建筑如何在满足人们需要的同时有效保护自然生态环境和节能减排做了非常有意义的探索和示范。

1 工程简介

1.1 基本信息

（1）项目名称：莫干山裸心谷度假村树顶别墅群

（2）项目地点：浙江省湖州市德清县武康镇莫干山风景区

（3）开发单位：裸心酒店管理集团

（4）设计单位：Benwood Studio Shang Hai（方案设计）

大连阔森特新型建材有限公司（结构设计）

（5）施工单位：龙元建设集团股份有限公司（总承包单位）

大连阔森特新型建材有限公司

（预制装配式木结构房屋安装指导）

（6）主要构件生产设计单位：大连阔森特新型建材有限公司

（7）进展情况：2011 年完工

1.2 项目概况

裸心谷度假村项目整体占地 28 万 m²，建筑面积 12600m²，其中有 30 栋树顶别墅、40 间夯土小屋，包含会所、马厩、活动中心、健身中心、儿童俱乐部、裸心小馆、泳池、餐厅、会议中心、水疗中心等（图 6.32、图 6.33）。项目通过小体量、低密度的规划，顺应自然环境，尽量减低人类活动对自然环境的影响。其中树顶别墅共计 30 套，包括 2 卧室（154m²）、3 卧室（225m²）和 4 卧室（299m²）三个户型。项目采用了结构保温板（SIPs）和胶合木结构混合建筑技术体系，将房屋整体架空建造。楼板、墙体、屋板等主要构件和其他木构件在工厂预制加工后运到现场进行快速拼装搭建，大幅度提高了施工速度和施工品质，减少了垃圾排放和对环境的影响。此外，太阳能、雨水回收等一系列环保节能技术也在项目中得到了应用。项目总规划图见图 6.32，项目实景见图 6.33。

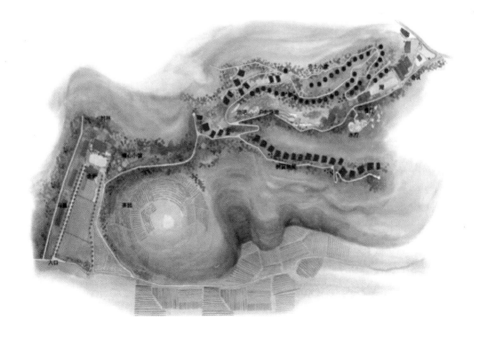

图 6.32 项目总规划图

图 6.33　项目实景

1.3　工程承包模式

项目采用施工总承包模式。

2　装配式建筑技术应用情况

2.1　建筑设计

1) 设计理念

(1) 呵护自然，永续发展的理念

裸心谷的建设理念是要打造一个能让人们放松、休闲的度假场所来修身养性。然而传统的度假村并非"绿色"，往往要消耗大量的自然资源，包括采暖、制冷、供水、供电等。裸心谷项目在设计阶段，就坚持可持续发展的理念，致力于探索如何平衡开发与保护的矛盾，将与自然融为一体作为最高设计原则，降低人类活动对环境的影响。

在项目规划设计阶段，项目方就希望所有建筑充分利用原有的地势地形，杜绝或尽量减少开挖，减少水土流失，减少对地容地貌的破坏（图 6.34）

建筑平面设计尽量考虑以人为本，在保证舒适性的同时，尽量考虑采用自然光和自然通风（图 6.35）；立面设计则力求简约有效，减少不必要的造型，节约材料和降低施工难度（图 6.36）。建筑设计体现了山体类度假房屋的特点，通过设计让居住者更多走进和融入自然，与自然进行更多地互动和交流。因此，除了大型的景观窗外，还设计有大型的露台和露天浴缸等，这些对结构设计提出了一定的挑战。

(2) 绿色建筑定位

绿色建筑定位在项目规划设计阶段就得到了贯彻，并致力于将项目打造成我国度假村

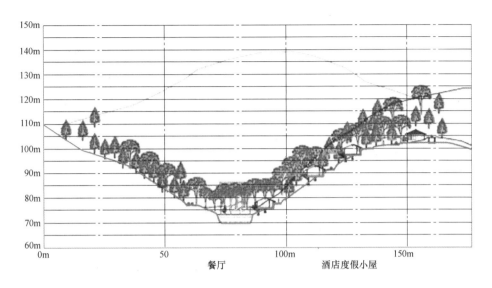

图 6.34　项目建设地形图

绿色建筑的标杆。项目方邀请了绿色建筑评估方面的专家团队对项目实施进行指导，内容包括节能环保建材的选用、环境影响评估、可持续的工地管理要求、能源使用、空气质量以及雨水回收、中水处理等。最终，项目成功获得美国 LEED 铂金认证，也是我国第一个获得 LEED 铂金认证的度假酒店项目（图 6.37）。

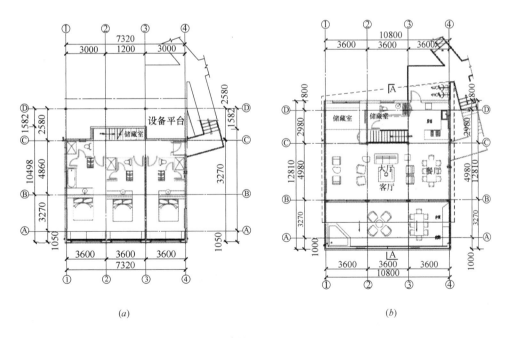

图 6.35　建筑户型平面图（一）

（a）3 房户型 一层平面图；（b）3 房户型 二层平面图

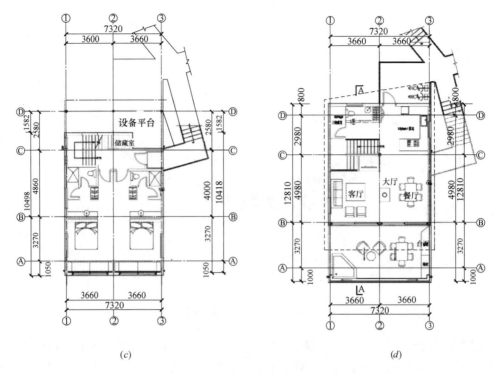

(c)

图 6.35　建筑户型平面图（二）

（c）2 房户型 一层平面图；（d）2 房户型 二层平面图

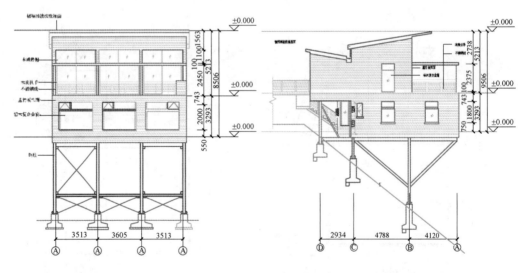

图 6.36　建筑立面图

（3）架空吊脚式建筑

为最大限度减少建筑对山体及周边植被的破坏，项目设计采用类似架空吊脚楼的建筑方案。从远处看，房屋好像建造在树顶上一样，故形象称为"树顶别墅"（图 6.38）。该设计方案要求架空建筑物的重量尽可能轻，以减小基础负荷和降低运输成本。

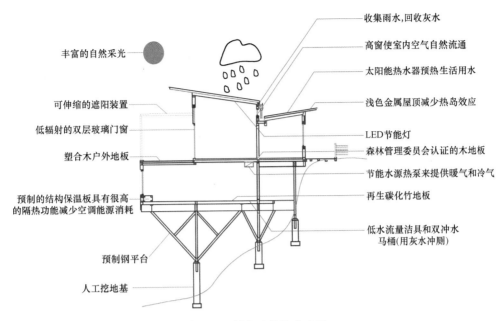

丰富的自然采光

可伸缩的遮阳装置

低辐射的双层玻璃门窗

塑合木户外地板

预制的结构保温板具有很高
的隔热功能减少空调能源消耗

预制钢平台

人工挖地基

收集雨水,回收灰水

高窗使室内空气自然流通

太阳能热水器预热生活用水

浅色金属屋顶减少热岛效应

LED节能灯

森林管理委员会认证的木地板

节能水源热泵来提供暖气和冷气

再生碳化竹地板

低水流量洁具和双冲水
马桶(用灰水冲厕)

图 6.37 绿色建筑技术应用

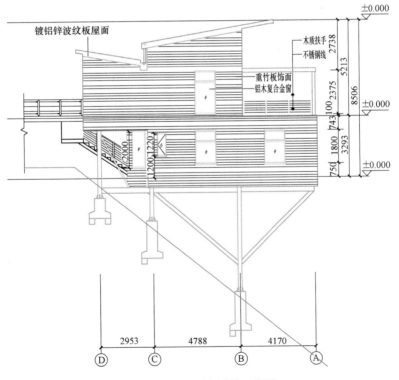

镀铝锌波纹板屋面

木质扶手
不锈钢线

重竹板饰面
铝木复合金窗

图 6.38 架空吊脚设计示意图

（4）发挥木结构的优势

木材是一种可再生的建筑材料，且具有重量轻、易运输加工、亲近自然、易回收降解等特点，项目采用胶合木及结构保温板（SIPs）混合结构体系，充分利用了该体系便于实施工厂预制加工、现场装配式安装的特点。同时，项目本身巧妙应用了项目所在地的竹枝和废弃木料作为装修和家具使用，体现出了怀旧和自然乡土的风格。

（5）工厂预制提升建造速度和品质

在整个度假村中，树顶别墅的建筑体量最大。为加快建造速度，保证建筑品质，项目采用木质结构保温板（SIPs）和胶合木的混合建筑体系，并通过工厂化预制来提高建造速度和品质。其中，结构保温板的墙体墙板图如图6.39所示。

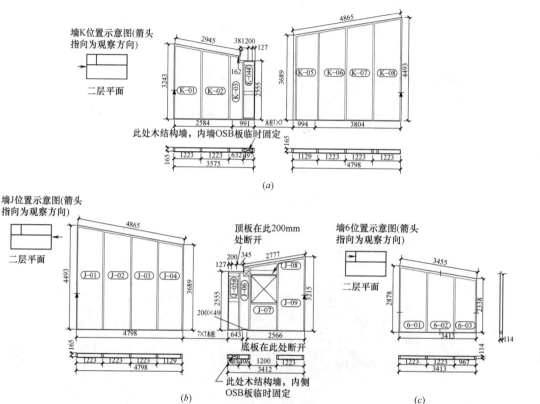

图 6.39　结构保温板墙体墙板图

（a）墙板K详图；（b）墙板J详图；（b）墙板6详图

（6）标准化、模数化设计

为最大限度发挥结构保温板（SIPs）体系预制装配式建造方式的优势，并节约材料用量，在建筑设计阶段，设计单位和生产单位预先对建筑尺寸进行了协调优化（图6.40），以最大限度减少材料和加工浪费，提高制作效率。另外，项目在结构、水电、暖通等专业也都提前进行了协调。结构方面，尽量采用标准模数，减少构件种类，提高预制水平；水电和暖通方面，尽量减少在主体结构上开孔洞；对于必须要开的，提前做好规划，并进行加固以减少现场的作业量（图6.41）。同时，为保证现场施工的灵活度，预留部分墙体专门走管线。

2.2　结构设计

1）结构形式

树顶别墅从结构形式上，可以分为上部结构和下部结构：下部结构由钢筋混凝土独立

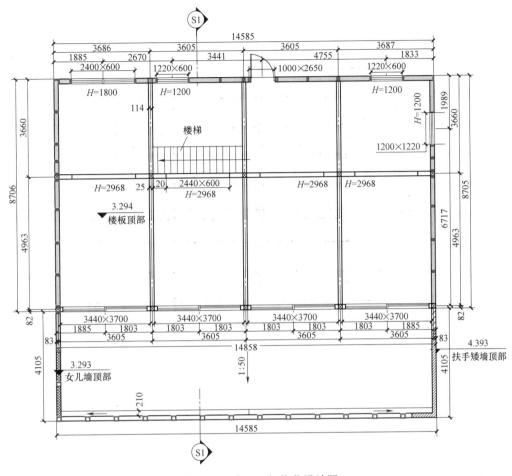

图 6.40　房屋开间优化设计图

基础和钢框架结构平台构成；上部结构选用自重较轻的 SIPs 板式轻型木结构，局部使用了胶合木平面框架来补强。荷载传递路径为：重力荷载自屋盖或楼盖（可视作密布的简支梁）传递至承重墙、梁或柱，再由承重墙或柱传递至下部结构；地震作用和风荷载对结构产生的侧力，则由屋盖和楼盖传递至剪力墙或者抗侧构件（多为胶合木平面框架）上，再逐层传递至基础。

这种结构形式可大大减轻下部结构负担，且便于构件加工，单个构件通过结构设计划分，普遍重量不超过 60kg，个别构件最重不超过 120kg，适于山地施工作业。同时，结构柱网布置规整、间距合理，承重墙、剪力墙、梁等构件均沿轴线布置且分布均匀，计算模型简洁明确，极大地简化了结构设计工作。

2）上部结构设计

（1）结构选材

SIPs 板构件由两侧面层（定向刨花板）、芯层（保温材料）和花键（规格材）组成，是一种复合构件。标准厚度规格主要有 115mm、165mm、210mm 和 260mm 等。相邻板材连接处使用双根规格材花键连接（图 6.42）。面层选用北美进口定向刨花板；连接花键（板内木方构件）选用结构 2 级和以上的云杉—松—冷杉规格材。本项目屋盖和楼盖采用

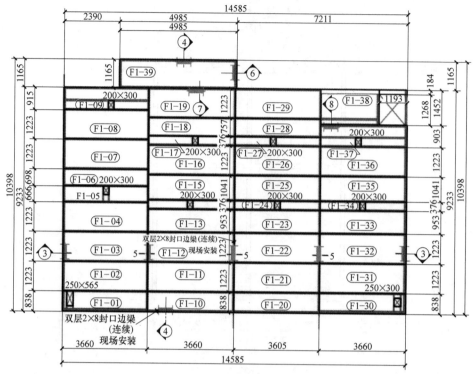

F1-XX:代表板号   ⊠:代表洞口

图 6.41   楼板孔洞预留设计图

210mm 厚的 SIPs 板，外墙采用 165mm 厚的 SIPs 板，内墙采用 165mm、115mm 厚的 SIPs 板；局部胶合木框架选用等级为 2.0E 的平行木片胶合木，相比普通锯材具有更高的强度和弹性模量。

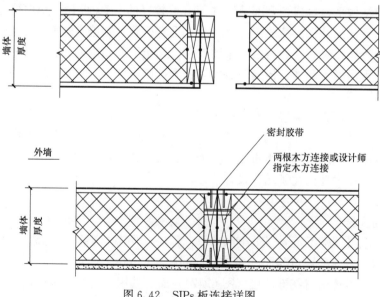

图 6.42   SIPs 板连接详图

（2）屋盖、楼盖的设计

以 3 房户型为例，该户型屋盖板和楼盖板均沿建筑纵向布置，共分三跨，每跨均按简支进行考虑，布置形式相同。根据楼（屋）盖全尺寸试验挠度—跨度表，项目楼、屋盖跨中最大挠度限值对应的均布荷载值大于实际荷载设计值。楼盖与支座处墙体的连接详图如图 6.43 所示。

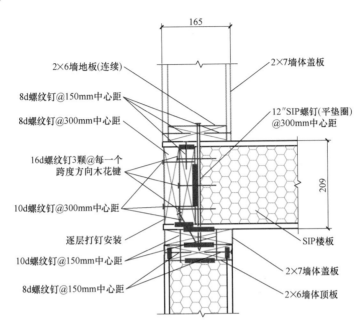

图 6.43　楼盖板端部支座详图

（3）承重墙设计

项目承重墙沿建筑横向布置，设计时按照抗弯构件考虑，主要承受上部楼、屋盖传递的荷载和水平风荷载的作用。其中，风荷载标准值应取最不利情况，即作外墙时考虑迎风面风荷载；作为内墙时，应考虑两侧房间的气压差，一般按照 0.2kN/m 来考虑。对于顶部偏心受压的墙体，需考虑偏心作用下产生的附加弯矩。

同样，根据墙板全尺寸试验压力—荷载表，项目墙板侧面设计均布荷载值小于表格中对应层高墙板所允许极限荷载值，满足结构设计要求。

（4）木梁、木柱（非胶合木抗侧框架）设计

木梁和木柱完全按照我国国家标准《木结构设计标准》GB 50005 进行设计。

（5）建筑主体抗侧力设计

一般情况下，风荷载和水平地震作用对结构产生的侧力，应分别沿建筑结构的两个主轴方向计算，并分别在每个方向上设置对应的抗侧力构件（剪力墙或胶合木框架）。设计流程为：①将侧力视作分别作用在屋盖和楼盖的集中力；②按照各层各个构件的抗侧刚度来分配荷载；③进行构件以及连接的抗侧力验算。

由于本项目地处浙江湖州，设防烈度为 6 度，加速度为 0.05g，按照《建筑抗震设计规范》GB 50011 的规定，可不进行截面抗震验算。因此，本项目主要针对风荷载进行相关构件的截面验算。

（6）SIPs 剪力墙的设计

SIPs 剪力墙体系主要由 SIPs 墙板、剪力墙边界杆及其抗拔连接件、墙顶、墙底内嵌木方及其锚固措施构成，其原理与墙体两面带覆面板的轻型木结构剪力墙相同。因此，影响剪力墙抗剪强度和刚度的主要因素有花键的形式、结构覆面板边缘的钉间距和钉的直径等。

SIPs 剪力墙布置包括横向和纵向两个方向：横向沿建筑轴线进行布置，需满足墙肢高宽比的限值要求；纵向主要布置在建筑后立面的外墙、一层前立面的外墙和纵向内墙。每道 SIPs 剪力墙的计算内容主要包括：抗剪承载力验算、边界杆承压/受拉验算、边界杆对应抗拔连接件的设计验算、剪力墙顶及墙底与楼盖（屋盖）连接锚固验算等。图 6.44 所示为一层前立面剪力墙、边界杆以及抗拔连接件的布置图，图 6.45 为抗拔连接件 MHD12 的连接详图。

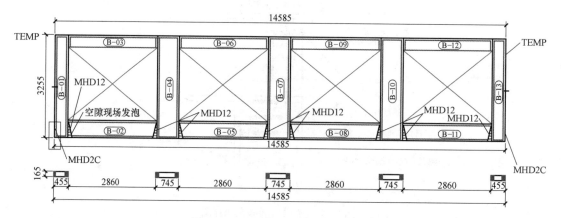

图 6.44　一层前立面剪力墙布置图

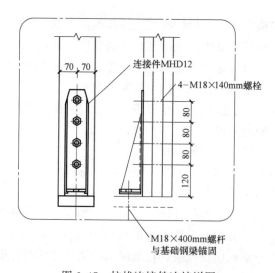

图 6.45　抗拔连接件连接详图

（7）胶合木框架设计

由于建筑二层前墙上多为大洞口，洞口间墙肢高宽比远大于限值，因此项目设计采用胶合木框架来抵抗侧力。首先，根据预先估计的框架构件截面，计算出对应的框架抗侧刚度，并分配得到剪力值；然后，再重新计算框架构件截面是否合适；最后，重复上述过程直至找到最优方案。

该框架计算模型中，除柱脚为铰接外，其他节点均假设为刚性连接，计算过程使用有限元软件 SAP2000 进行辅助设计。

3）下部结构设计

为减少基础开挖量和混凝土的使用量，项目基础部分采用混凝土独立基础加上部钢架支撑的组合形式（图 6.46）。结构设计根据上部结构传递的荷载，并考虑一定的冗余度，将荷载适当调整放大，以满足上部结构重量和使用要求。

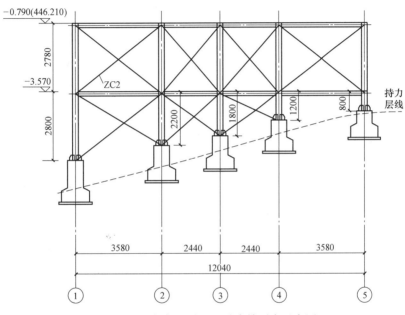

图 6.46　钢框架和独立基础支撑平台示意图

2.3　设备管线系统技术应用

本项目的设备管线工程包括水循环、暖通、电气和消防工程。在布置阶段，主要考虑预制装配式木结构的特点，管线尽量集中布置；充分利用预留管道墙，方便施工和检修；加强管道的密封和防护；提前考虑设备管线对层高的影响，提出相应的解决措施；对开口到户外的管道接口做好防水加强措施。

1）水循环设计

项目综合考虑了生活用水、消防用水、污水处理、雨水回收、中水利用进行水循环设计。项目中大量采用低水流量节水洁具、双冲节水坐便器以及免冲水式小便器以期最大限度节约用水。项目采用了雨水回收系统和中水处理系统，将雨水和废水进行处理达标后，部分用于冲洗洗手间，另外部分回收到蓄水池和水库中，用以调节周围环境。山谷的小溪和湖泊不仅作为中水蓄水池，同时也是景观水景。建筑水循环设计如图 6.47 所示。

2）暖通工程

为保证居住舒适和健康，项目采用了中央空调和新风系统，并配合采用水源热泵和生

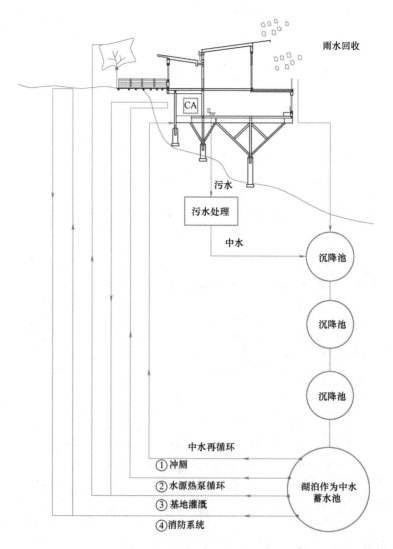

图 6.47　建筑水循环示意图

物质锅炉进行制冷、制热。空调设置在设备平台上，在管道穿过楼板和墙体的地方，采取有效的防火、防水、隔声措施。

　　3）电气工程

　　项目对配电、通信、数据、火灾烟感报警等进行了专业设计。布线从每栋房屋的中央控制室分线至每层，同时备有应急电源。所有的线缆采用金属套管进行保护，尽量走在预留的管道墙内，需要开孔洞的地方大部分在工厂做了预加工和结构补强。

2.4　装饰装修系统技术应用

　　本项目装修尽量结合木结构房屋自身特点及山地施工的实际情况，采用轻质、耐久性材料、干法施工。外墙采用木纹水泥板，直接涂刷有色室外涂料；屋顶采用彩钢瓦（图6.48）。

　　项目其他部分的装饰装修就地取材，巧妙地将当地的原材料应用到建筑中去，起到了很好的效果。比如竹枝屋顶、旧房檩条、喂马槽，都可以经过修补和改造，重新出现在建筑中，在建筑中增添了更多古朴之感（图 6.49）。

图 6.48　建筑外装饰面实景　　　　　图 6.49　室内装修效果图

2.5　信息化技术应用

基于设计理念，项目在设计上建立了三维建筑信息模型，使得包括结构、水电、暖通、景观等在内的所有专业提前介入，并在统一的模型下进行设计和沟通，保证了项目信息的合理有效传递，提高了设计效率，减少和避免了错误发生。

本项目设置了实时能源消耗指示系统，能够将客人们在居住期间的能源消耗和碳足迹进行直观显示，让住客能随时关注入住期间的能源消耗，在满足自身舒适性的同时，关注节能降耗，树立环保意识。

3　构件加工、安装施工技术应用情况

3.1　木构件加工制作与运输管理

结构保温板的加工过程包括涂胶、叠板、加压、板材切割、木材切割、构件预装配等工序。胶合木构件采用进口标准材径，经设计、切割、钻孔、上漆等加工后，进行分类编号，并提供了详细的安装图纸（图 6.50）。

图 6.50　SIPs 板和木构架加工现场

181

由于项目地处山区，运输道路受限制，因此，采用的所有构件和材料先通过大型卡车运输到山下，再用小型卡车运输到工地，最后借助小型机械和人工，将板材和结构梁柱运到现场（图 6.51）。

图 6.51　SIPs 板运输现场

3.2　装配施工组织与质量控制

1）施工流程

项目整体施工流程参见图 6.52。

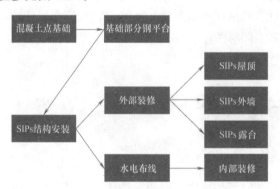

图 6.52　项目施工流程示意图

木结构按照专业施工要求进行安装，安装步骤如图 6.53 所示，安装示意图如图 6.54 所示。

2）施工配合和人员培训

施工中，专业分包团队密切配合。项目组引入图纸培训、木结构施工技术讲解、新式工具的使用等方式对施工人员进行培训，并由国外专业施工顾问配合监理，对现场安装施工过程进行监督。

3）施工质量控制

（1）施工前进行培训和技术交底

为保证施工质量达到要求，项目部邀请设计单位、项目经理、技术专家对施工人员进行培训和技术交底，对施工中可能存在的技术要点，难点进行讲解、示范和考核，未经培训和技术交底，不得进行施工。

图 6.53 项目现场安装实景（一）

（a）在钢架上安装 SIPs 木结构墙体下底板；（b）安装一层 SIPs 楼板；（c）安装一层 SIPs 墙体及通长木柱；

（d）安装二层 SIPs 楼板；（e）安装二层 SIPs 墙体；（f）安装 PSL 大梁

(g)   (h)

图 6.53 项目现场安装实景（二）

（g）安装 SIPs 屋板；（h）木结构主体完工

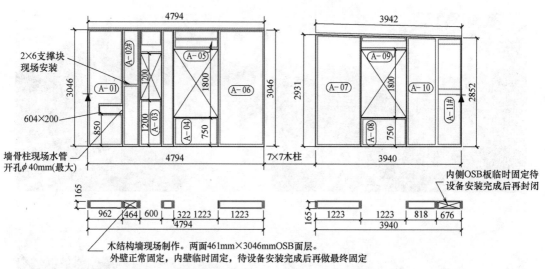

(a)

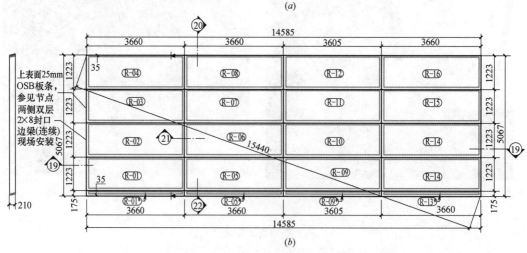

(b)

图 6.54 SIPs 板件安装示意图

（a）墙体安装；（b）屋面板安装

（2）有效利用样板

为更好组织项目施工，项目部请国外专家组织骨干人员先进行了样板房的施工，通过样板房施工及时发现和整改存在的问题，并很好地培训了一批骨干施工队伍，也为后期施工提供了参照。

（3）施工过程中加强监督和检查

虽然，装配式木结构建筑施工劳动强度小、工序简单，但是，如果施工质量控制不好，很容易造成不必要的施工变更，甚至导致结构失稳。因此，项目要求施工人员严格按照图纸施工，在实行"自检、互检"的基础上，由国外专家和专业质检员按照质检标准进行检验。只有检验、批准后，才能进行下道工序的施工。

（4）施工保护和施工安全

项目施工时加强对构件的防水保护，在雨季施工时，随时关注天气变化，合理安排上料和施工进度，并准备足够的苫布，做好必要的遮盖。另外，在防火方面，施工前对作业人员进行火灾预防和救灾培训，加强明火管理，动火前必须提前申请，并配备专业安全人员和必要的防火设施，杜绝现场吸烟。

4 效益分析

4.1 成本分析

整个项目建设投资约 1.5 亿元，其中树顶别墅作为体量最大的部分，约占基本的投资的 30%。因为别墅项目使用的是具有优异保温隔热效果的 SIPs 板材，因此，可以大幅度减少后期运营能耗，降低使用成本。

4.2 工时分析

通过专业化工厂加工制作，项目极大降低了对现场人员技术和数量的要求；普通工人经过培训，可在指导下完成施工；同时项目每幢别墅的建筑面积约 200m²，仅需 8 个工人花费 1 周左右即可完成主体施工，较混凝土建筑，可节约 80% 左右的工期；较采用非预制的木结构建筑，可节约 50% 左右的工期。

4.3 "四节一环保"分析

（1）节能：项目采用了结构保温体系，相比同类建筑，可实现 80% 以上的节能效果，在采暖和空调方面的能耗大幅度降低。SIPs 板材的保温指标如表 6.1 所示。

SIPs 板材的保温指标   表 6.1

序号	SIPs 板材厚度	热阻值（R 值） ft² • °F/BUY/h	热导系数（U 值） W/(m² • K)	热导率（k 值） W/(m² • K)	热惰性指标 （D 值）
1	4 1/2″(115mm)	16	0.355	0.404	1.38
2	6 1/2″(165mm)	24	0.237	0.271	1.817
3	8 1/4″(210mm)	33	0.172	0.211	2.194

（2）节地：通过"架空"的建造方式，使得占地 $100m^2$ 的建筑，仅占用 $5m^2$ 的打桩硬化地面面积，这样可以保留地上的草皮和树木，有效地保护当地的生态环境和植被资源。

（3）节水：项目采用雨水回收、中水处理、污水处理等节水技术，最大限度减少了用水消耗。

（4）节材：项目采用新型建筑体系和材料，并通过"预制加工、装配安装"的方式，减少了材料浪费；使用的结构材料大都来自可持续管理的森林；装饰和装修材料大量采用当地的回收材料。

5 存在不足和改进方向

由于新型装配式木结构在我国度假酒店项目中尚未规模化应用，因此，本项目在建设过程中存在些许不足。例如，虽然项目前期，各专业团队进行了很好的沟通，做了必要的准备工作，但是，在实际建造过程中，仍然遇到了诸如水电调整、基础位置不准确等问题，造成了返工和调整，降低了建设效率。因此，在以后的项目建设中，应吸取经验，采用 BIM 等技术，加强各专业间的协调配合，以保障项目的顺利进行。

另一方面，高端度假酒店在私密性和隔声方面比住宅建筑要求更高，虽然项目在隔声方面采取了一些措施，但是还存在不足，以后应该这方面再进行深入的研究改进。

【专家点评】

莫干山裸心谷树顶别墅项目依山而建，建筑物通过钢结构架空于山坡上，尽最大可能减少对山上树木、草坪的破坏，有效地保护了生态环境与植被。一幢幢小型建筑，若隐若现地分布于山体与树木之间，给森林增添了活力但又不破坏原有的风貌。

建筑主体采用装配式结构，通过工厂制作的、集结构和保温于一体的预制板块在现场的拼装，使工程建设大大地减少了现场作业量、减少对现场山体和树木的破坏、减少了建筑垃圾，加快了施工速度、保证了工程质量，充分体现了木结构的高度装配化的建造优势。

项目采用了雨水回收利用、中水处理、污水处理等多项水处理技术，减少了运行过程中对清水的需求，体现了环保的理念。

项目中还巧妙利用了当地竹材、回收的旧檩条等用作房屋构件或装修材料，给建筑物增添了古朴、自然的特色。

裸心谷树顶别墅项目不失为一个绿色、环保、装配式木结构应用的典范，在同类工程中具有很好的示范和推广作用。

（何敏娟：同济大学土木工程学院，教授）

案例编写人：

姓名：孙全一

单位名称：大连阔森特新型建材有限公司

职务或职称：总经理

【案例 11】　歌山·凤凰谷休生态旅游农业园大师谷示范区

　　歌山·凤凰谷休闲生态旅游农业园大师谷示范区项目位于浙江省东阳市凤凰谷天澜度假区西北翼，地理位置优越，距东阳市 15km，毗邻横店影视城。项目总占地约 27130m²，总建筑面积约 13450m²，由 52 幢别墅和 1 幢会所组成。目前已完成 11 幢别墅的建造。项目采用木—钢混合结构体系，对给水排水、电气和暖通工程分别采取了节能设计，降低了建筑能耗。通过构件的标准化设计，工厂预制，现场装配，提高了施工效率和工程质量，与同地区混凝土建筑相比，该项目减少环境的污染，实现了降低建造总成本，节省工期的良好效益。

1　工程简介

1.1　基本信息

　　（1）项目名称：歌山·凤凰谷休生态旅游农业园大师谷示范区
　　（2）项目地点：东阳市诸永高速歌山出口西南侧
　　（3）开发单位：东阳市歌山凤凰谷生态观光农业有限公司
　　（4）设计单位：中天建筑设计研究院
　　（5）施工单位：上海中天绿色建筑科技有限公司
　　（6）构件加工单位：上海中天绿色建筑科技有限公司
　　（7）进展情况：结构、外装、景观工程已经完工

1.2　项目概况

　　歌山·凤凰谷休生态旅游农业园大师谷示范区位于东阳市诸永高速歌山出口西南侧，占地 900 多亩，是一个集居住、度假、农业、养生为一体的综合园区。该项目规划建设 52 幢装配式木结构建筑，目前已建成的 11 幢，建筑面积约 2167m²，户型为 90～280m² 不等。项目实景详见图 6.55。

图 6.55　项目实景

1.3 工程承包模式

项目采用工程总承包模式，其中木结构施工部分进行专业分包。

2 装配式建筑技术应用情况

2.1 建筑设计

1）平面功能

山林别墅 3 号楼是整个别墅群项目的标志性建筑。该建筑建筑面积（不含架空层）为 222m^2，建筑层数为 2 层，建筑高度为 8.156m，户型为 3 室 2 厅、4 卫、1 车库。项目包括 3 个部分：①东区为停车库架空层和卧室，通过楼梯将地下车库和门厅相连接在一起；②西区为客卧区，设置室外露台；③中区为会客及就餐区。室外连廊将不同高程的房间贯通相连，高低有序，错落有致。图 6.56 为山林别墅 3 号楼建筑平面图，图 6.57 为山林别墅 3 号楼屋面建筑平面图。

2）建筑造型

该建筑造型简洁明朗、高低起伏、形体大方且富有层次感，代表了 11 幢别墅的整体设计风格。该建筑采用坡屋顶，屋顶变化丰富、组合形式多样。外立面采用红雪松挂板、

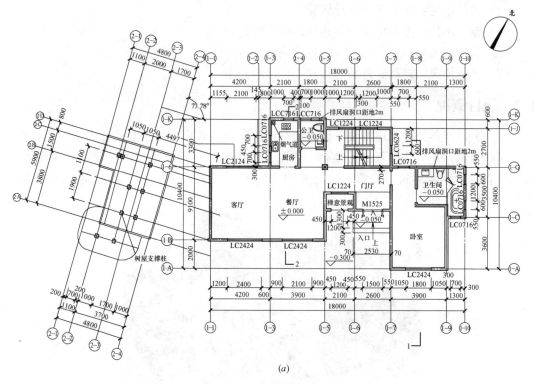

(a)

图 6.56 山林别墅 3 号楼一层、二层建筑平面图（一）

（a）一层建筑平面图

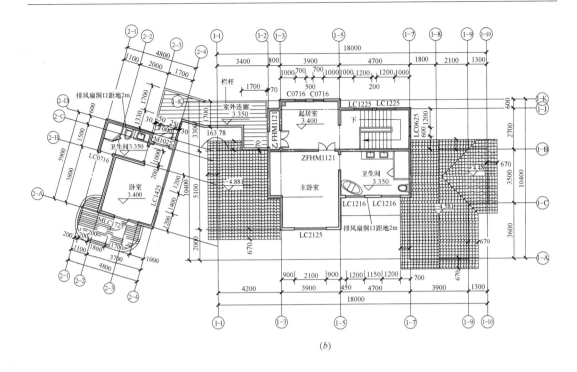

图 6.56　山林别墅 3 号楼一层、二层建筑平面图（二）

(b) 二层建筑平面图

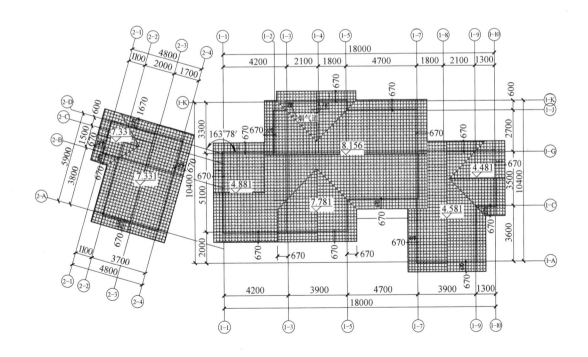

图 6.57　山林别墅 3 号楼屋顶层建筑平面图

白色乳胶漆及竖向胶合木装饰线条，屋檐处设置装饰性胶合木梁头，既表现出了现代木构之美，又体现了中国本土建筑的设计元素；栏杆采用圆弧造型，表现出建筑独特的气质，也提升了建筑的亲和力。利用地形的高差，东侧设置地下车库，经楼梯进入室内。西侧圆弧钢结构平台处布置私密的客卧空间，并通过户外连廊与中间区域相连，既联络了各独立空间，又丰富了立面造型。中间部位布置规整，体现了简洁的造型和中庸的典雅气质。外墙材料主要采用红雪松挂板和白色外墙涂料，勒脚处采用文化石贴面。图 6.58 为山林别墅 3 号楼主建筑立面图，图 6.59 为山林别墅 3 号楼实景。

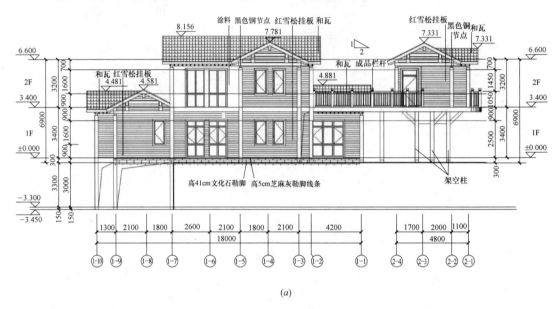

(a)

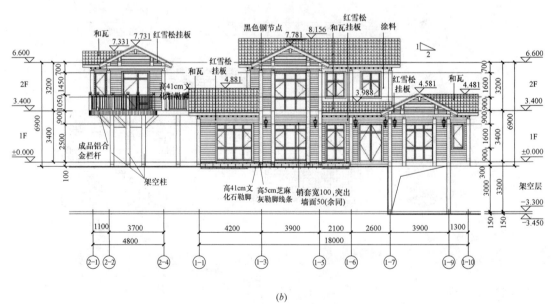

(b)

图 6.58 山林别墅 3 号楼主建筑立面图

(a) ⑩~㉑轴立面展开图；(b) ㉑~⑩轴立面展开图

图 6.59　山林别墅 3 号楼实景

3）建筑材料

项目主体结构采用型钢、SPF、胶合木、LVL、OSB 等，屋面采用日式和瓦。为满足防火规范要求，室内墙面敷设 15mm 厚耐火石膏板，天棚亦采用 15mm 厚耐火石膏板。墙面、屋面保温选用 139mm 厚玻纤棉，墙面隔声采用 90mm 厚玻纤棉，楼面隔声采用 139mm 厚玻纤棉，并在楼面上设置 30mm 厚水泥砂浆层。屋面及阳台均设置双层 4mm 厚 SBS 防水材料。局部设置铝合金檐沟，铝合金落水管。

4）建筑构造

（1）屋面檐口大样

山林别墅 3 号楼屋脊梁为胶合木，采用和瓦屋面，檐口向外悬挑约 0.8m，其大样图如图 6.60 所示。

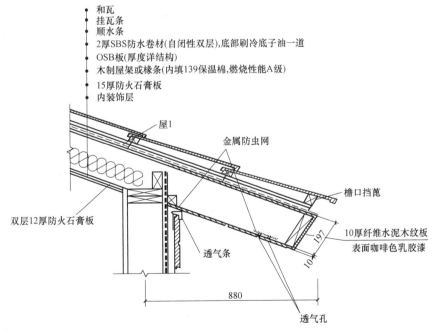

图 6.60　屋面檐口处大样图

191

（2）墙身大样

项目采用木搁栅墙体，墙内填充保温棉，外立面为红雪松挂板及涂料饰面，外墙顶部及窗下口安装透气条，并设置防虫网。该墙身大样图见图 6.61。

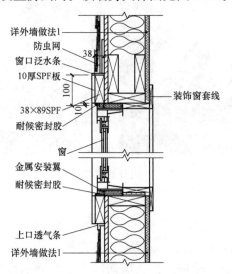

（注："墙体做法 1"从外向内依次为：12mm 厚红雪松扣板、25mm×38mm 木龙骨@406、防水透气纸、9.5mm 厚 OSB 板、38mm×140mm 墙骨柱@406 内填 139mm 厚玻纤棉、15mm 厚防火石膏板）

图 6.61　墙体墙身大样图

（3）地面大样

该项目地面为钢筋混凝土现浇板，室内采用防滑地砖，室外为防腐木地板。大样图如图 6.62 所示。

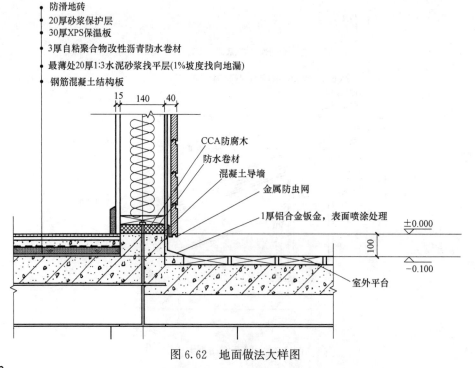

图 6.62　地面做法大样图

5）建筑防火、防护设计

（1）防火

项目墙体、天棚均采用 15mm 厚耐火石膏板包覆，胶合木构件断面按照耐火极限 1h 计算确定。保温及隔声材料采用玻纤棉（不燃性），楼面设置 30mm 厚水泥砂浆层，屋面采用水泥瓦（和瓦）。墙体在楼盖及 1/2 墙高部位设置防火挡块，楼梯的防火挡块设置在休息平台及楼面处；室内每个房间均为独立单元，在楼面处由梁或木填块隔断；防火挡块或木填块厚度均为 38mm，截面高度同墙骨或楼/屋面搁栅高度。为达到防火效果，穿越墙体、楼面的孔洞，均采用防火胶泥封堵。

（2）防潮

该项目采用以下防潮措施：①墙体与混凝土接触部位设置 38mm 厚防腐木，防腐木上铺设 3mm 厚 SBS 防水卷材；②外墙外侧面铺设单向透气纸，并设置 25mm 宽防雨幕墙；③屋面采用双层 4mm 厚 SBS；④外墙底部、门窗洞口设置泛水板，屋脊、天沟及屋面阴阳角处设置金属泛水板；⑤墙体底部、窗台下方设置透气条，屋檐设施通风孔。

（3）防虫

对于白蚁的防治，项目采用了以下方法：

① 工地管理：完善工地管理，清除建筑周围杂草、杂木；严格控制回填土质量，严禁使用种植土等含有机物的填料回填；

② 土壤屏障：喷洒药剂，对建筑物范围内场地进行消杀；设置 100m 厚钢筋混凝土地面，隔断白蚁通道；

③ 监控和维修：对建筑物及周边定期进行检查，发现虫害及时处理；定期清理屋面、阳台、露台等部位的落叶，避免积水；定期清理建筑物周围的杂草、杂木，对周边树木定期修剪。

2.2　结构设计

1）主体结构设计

项目主体框架钢、木混合使用，墙体采用木骨架组合墙体（图 6.63），钢材选用

图 6.63　钢结构支撑实景

Q235B，钢柱采用 HW150×150×7×10，钢梁采用 HN250×150×6.5×9，木梁采用胶合木。木骨架墙体与钢框架采用螺栓连接。木骨架组合墙体与钢柱之间设置一层 3mm 厚 SBS 隔离层，并采用薄保温板外包形式处理钢结构的冷桥问题。楼面承重构件以及部分门窗过梁、屋脊梁均采用胶合木。

  2）节点设计

  项目胶合木梁、柱之间的节点采用螺栓和销钉连接，现场拼装。预制墙体与梁、柱采用金属钉、木螺钉等连接形式，并局部设置钢拉带。钢结构部分采用螺栓连接和焊接连接两种形式。部分节点图如图 6.64 所示。

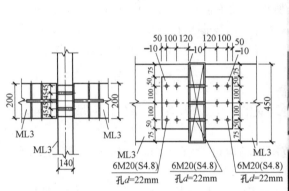

(a)

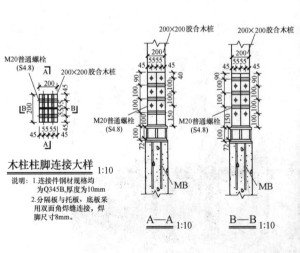

(b)

图 6.64　部分节点详图（一）

（a）楼面木梁十字交汇处铰接节点详图；（b）胶合木柱柱脚节点详图

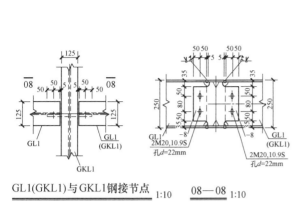

GL1(GKL1)与GKL1钢接节点　1:10　　08—08　1:10

(c)

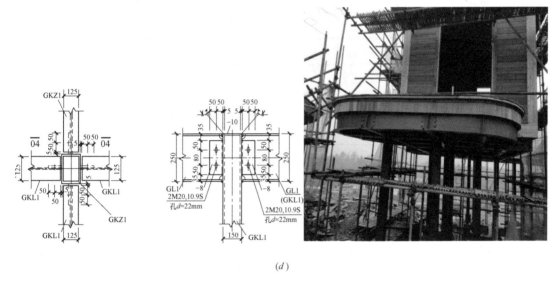

(d)

图 6.64　部分节点详图（二）

（c）钢梁钢接节点详图；（d）钢结构梁柱连接节点示意图

3）抗震设计

本项目抗震设防烈度为 6 度（0.05g），场地特征周期 0.35s，建筑安全等级为二级。项目西区一层为钢结构，二层为轻木结构，东区为两层轻型木结构，左右通过 1.7m 宽的钢结构连廊连接，平面不规则。结构设计中，西区与东区之间设置抗震缝，缝宽 150mm（结构构件净距 230mm）。

（1）木结构部分

剪力墙墙骨采用 2×6 规格材，间距 406mm，材料等级Ⅱc，单侧敷设 9.5mm 厚 OSB 板。OSB 板与墙骨间采用钢钉连接，钢钉直径 3.7mm，打入骨架深度 38mm；面板边缘，边缘钉距 100mm，中部钉矩 200mm。地震荷载由剪力墙承担，剪力墙符合表 6.2 要求时，可按构造进行设计。

剪力墙设置长度　　　　　　　表 6.2

剪力墙区域	西区		东区			
	二层		一层		二层	
	规范要求	设计	规范要求	设计	规范要求	设计
纵向剪力墙长度(m)	小于12m且高宽比小于2	3m	小于12m且高宽比小于2	5.2m	小于12m且高宽比小于2	9.4m
横向剪力墙长度(m)	小于12m且高宽比小于2	3.8m	小于12m且高宽比小于2	10.4m	小于12m且高宽比小于2	8.4m

（2）钢结构部分

根据《钢结构设计标准》GB 50017 的相关规范设计要求对钢结构进行抗震设计：结构周期及振型方向地震作用的最不利方向角按 0.00 度计算（表 6.3）。

结构周期及振型方向　　　　　　　表 6.3

振型号	周期(s)	方向角(度)	类型	扭振成分	X侧振成分	Y侧振成分	总侧振成分	阻尼比
1	0.5635	88.95	Y	1%	0%	99%	99%	5.00%
2	0.5583	176.33	X	25%	74%	0%	75%	5.00%
3	0.5212	6.53	T	74%	26%	0%	26%	5.00%

根据《建筑抗震设计规范》GB 50011 相关规定对不同方向的抗震力进行电算分析，皆满足抗震设计的要求。

4）构件设计

项目对木构件采用结构软件进行内力分析：木梁采用同等组合胶合木（适用树种为欧洲云杉，树种级别为 SZ2），强度等级为 TCT24，通过查看《胶合木结构技术规范》GB/T 50708—2012 表 4.2.2～表 4.5，得出材料相关参数；再根据梁的支撑方式和跨度，建立结构模型，进行受力分析，以满足规范设计要求。

2.3　设备管线系统技术应用

该项目 3 层以下采用市政官网直接供水，排水采用雨水、污水分流，污水、废水重力自流经覆土层排除室外污水管网；室内热给水管采用泡沫橡塑管壳保温，安装完成后及时进行试压实验，以保证冷热给水管的气密性；天然气管道预埋至每个户型的厨房。卫生间采用降板形式，利于防排水。

本项目的电气采用 PVC 管配线，管道预留在墙体、楼/屋面搁栅或装修吊顶层内，不影响楼层净高。电线采用阻燃绝缘线，现场穿线；电气配管安装采用在构件上钻孔或开槽的方式，为了减少或避免对构件及结构承载力的影响，施工中需满足以下几点要求：①在楼板搁栅或者屋面搁栅中开孔、开槽的直径不超过截面高度的 1/4，且位置距材料边缘不得小于 50mm；②距支座边缘不大于材料截面高度的 1/2，开槽的高度不得大于材料截面高度的 1/3；③搁栅开孔位置距材料边缘不小于 50mm，孔与孔间距也不小于 50mm。搁栅开孔与开槽详见图 6.65，管道线路安装现场实景如图 6.66 所示。

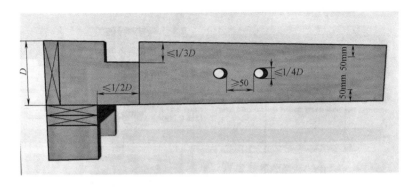

图 6.65　搁栅开孔与开槽示意图

图 6.66　部分管道和线路现场安装实景

2.4　装饰装修系统技术应用

本项目根据客户要求进行精装交付，包含热水系统、新风系统、空调系统、智能家居系统。采用了工厂预制、产品安装等工艺，室内家具、门、线条等成品安装。采用成品卫浴、成套厨房等工艺。

卫浴系统：制作卫生间墙体时，根据使用特点，内侧采用耐水石膏板，涂刷防水涂料，饰面层采用红雪松扣板。采用成品淋浴房、进口浴缸（带墙裙），杜绝墙面渗漏问题。地面铺设地砖。

整体厨房系统：橱柜、操作台等厨房部品在工厂统一制作，现场安装。

成品门：室内门采用模压门，在工厂统一制造，门窗线条现场安装。

收纳：每套房间设置储藏空间，与主体结构同时施工，安装折叠门。

外墙一体化。外墙采用木骨架填充墙，具有单向透气功能，集维护、保温、防水、装于一体，保证了建筑防水、防火、保温、安全及装饰等一系列环节的施工环节的质量。具体的装修效果根据业主要求进行订制。详见图 6.67。

图 6.67　装修后的现场效果

3　构件加工、安装施工技术应用情况

3.1　木构件加工制作与运输管理

项目所用构件均按照标准工艺进行机械加工制作，加工环节均由专人负责检查减少了加工缺陷，保证产品质量。以墙体为例，主要加工操作流程依次为：原材料挑选、尺寸检验、切割、框架加工、铺设 OSB 板、半成品墙体包装和检验等，详见图 6.68。

另外，为节约构件现场加工制作和运输时间，将构件进行集中加工，并统一运输至现场进行存放和组装。本项目采用的最大跨度梁长度为 12.5m，对于这种超大、超长类构件，项目组提前做好运输专项方案，联系专业的物流公司，与其他材料组合搭配按照工期要求运输至现场。

3.2　装配施工组织与质量控制

项目施工过程中，进行了精心组织和施工管理，强化质量检测和验收系统，全面推行标准化管理，健全质量管理基础工作，推行"一案三工序"管理措施，即"质量技术方案、监督上工序、保证本工序、服务下工序"和 QC 质量管理活动。另外，在检查验收阶段，采用跟踪检查、实测实量，保证检查数据的真实性。

施工前，针对不同工种，项目部组织技术人员工人进行详细的技术交底，明确施工重点、难点，规范安装工人的操作程序，确保设计文件的实现。

以墙体为例，其安装工序为：测量放线→墙体吊装→墙体临时固定→标高调整→安装膨胀螺栓→边缝处理→电气管线、内饰面安装→检查验收（图 6.69）。

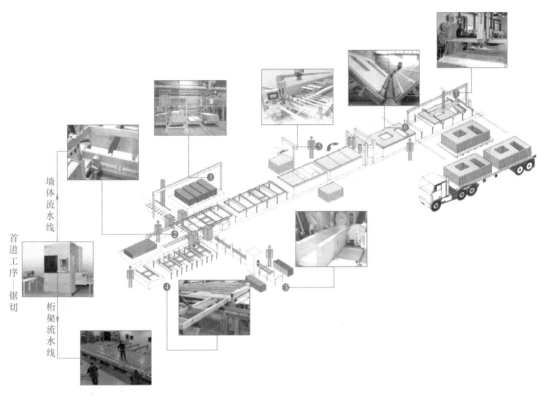

图 6.68　墙体加工流水线

图 6.69　墙体和梁施工安装现场实景

（1）清理混凝土基层，根据设计文件，在混凝土基层上弹线，并在地面上标注墙体标号；

（2）按照设计编号，采用吊车将墙体吊运到安装部位，采用人工辅助定位，使墙体轴线与设计轴线重合；

（3）设置墙体临时支撑，防止墙体倾覆；

（4）以门窗洞口为参照，调整墙体标高，并设置垫块固定，间距不大于 406mm；

（5）沿墙体周边设置膨胀螺栓，膨胀螺栓距墙体两侧边缘不大于 300mm，间距 1200mm；

（6）墙体周边缝隙填充发泡剂及密封胶，保证墙体周边的气密性；

（7）安装管线及内饰面；

（8）检查验收。

4　效益分析

4.1　成本分析

本项目采用的构件和连接件均采用工厂预制，标准化生产，重量轻，操作强度低，现场安装效率较高，劳动力大大减少，施工成本较低。同时，伴随主体结构的建造，管道布线等隐蔽工程一并完成，无需再投入较多装修费用，节省了装修成本。

4.2　用工、用时分析

由于项目采用的主要构件均在工厂进行标准化加工生产，并在施工现场用标准连接件进行拼接，所以施工速度远远快于需要大量湿作业的钢筋混凝土和砖混结构；同时，木结构构件自重轻、强度高，现场施工吊装效率高、时间短、用工少。据测算，与同类型混凝土结构建筑相比，主体部分安装仅仅用 318 工日，缩短至少一半的工期。

4.3　"四节一环保"分析

节材：根据项目特点，对图纸进行深化设计，最大限度地节约材料；该项目 80％以上的材料都是工厂预制化加工，优化了下料长度，合理利用木材，并减少随意切锯导致的材料损耗；外墙挂板等材料做到预先总体排版，合理安排配料；采取相应措施提高木材、油漆及安装工程等材料的利用率。

节水：项目采用木骨架填充墙结构，在工厂预制加工，且装修过程采用干作业法进行施工，极大地减少了临水用量。据估计，项目可节约用水 30％。

节地：根据项目施工规模、周期及现场条件等因素，合理布置加工厂、办公区、生活区等临时设施用地，原生树木就地保护，实施动态管理。

节能：项目具有良好的保温隔热的性能，相关运营能耗将大幅度降低，满足相关标准、规范的要求，节能率可达到了 75％。

环保：项目采用工厂预制、现场安装的施工方式，基本采用干法作业，现场环境污染小。

5　存在不足和改进方向

项目施工过程中，由于部分构件存在模数尺寸偏差，现场切割产生了边角废料，一定程度上产生了材料浪费，下一步将认真总结项目经验，加强设计人员的培训，提升产品标准化和模数化水平。同时，在今后的项目建设中，项目部要充分落实标准化施工管理体系，做好施工前期准备工作，深入研究优化施工组织流程，努力提升施工效率。

【专家点评】

该项目特点可概括为如下几点：

1）实现了构件的全面工厂化生产和装配化安装

该项目主体结构构件采用规格材、胶合木和单板层积材等结构用木材和工程木材料，外围护墙体采用红雪松挂板、外墙乳胶漆、文化石等，防火材料采用耐火石膏板，保温隔声材料选用玻纤棉，这些材料均实现了高效的工厂化生产。该项目加工环节由专人负责检查，减少了加工缺陷，保证了产品质量。为节约构件现场加工制作和运输时间，将构件进行集中加工，并统一运输至现场进行存放和组装。

2）实现了墙体与管线和装修的一体化

该项目的外墙采用木骨架填充墙，具有单向透气功能，集维护、保温、防水、装于一体，保证了建筑防水、防火、保温、安全及装饰等一系列环节的施工环节的质量。电气采用 PVC 管配线，管道预留在墙体、楼/屋面搁栅或装修吊顶层内，不影响楼层净高。电线采用阻燃绝缘线，现场穿线。对于装修中的热水系统、新风系统、空调系统、智能家居系统，则采用了工厂预制、现场安装等工艺，室内家具、门、线条等成品安装，并采用成品卫浴、整体厨房等系统。

3）"四节一环保"效益显著

该项目在"四节一环保"方面的效益非常明显，具体体现在：①节材：该项目实现了80％以上材料的工厂化加工，大大节约了材料；②节水：该项目由于采用木结构且装修采用干作业法施工方法，极大地减少了临水用量；③节地：根据项目施工规模、周期及现场条件等因素，合理布置临时设施用地，原生树木就地保护；④节能：轻型木结构具有良好的保温隔热的性能，节能率可达 75％；⑤环保：项目采用工厂预制、现场安装的施工方式，基本采用干法作业，现场环境污染小。

该项目的不足之处在于：模数化与标准化程度欠缺，建筑体量不大，这就造成在构件设计、加工制作与现场安装等过程中的效率不能完全实现预期效果。

综上所述，建议在项目的后期建设过程中，结合国内工程实践，实现项目设计的标准化，同时加强建筑、结构、给水排水和装饰装修等专业之间在模数化方面的相互协调。

（杨会峰：南京工业大学，教授，土木工程学院绿色建筑技术与工程系主任）

案例编写人：

姓名：李嘉康

单位名称：上海中天绿色建筑科技有限公司

职务或职称：结构设计师

【案例 12】 加拿大 Brock Commons 学生公寓

不列颠哥伦比亚大学（UBC）作为全球在林业及林产品学术领域首屈一指的高等学府，其在运用拓展木材用于中高层建筑的研究方向上处于全球领先地位。校方也一直致力于协助加拿大不列颠哥伦比亚省振兴重型木结构建筑并将其推广至全球。在 UBC 校园内有多个工程木产品创新技术应用于教学和行政大楼的案例，其中的最新成员是北美第一栋重型混合木结构高层大楼 Brock Commons 学生公寓。该建筑总高度 53m，共 18 层，可为 400 多位学生提供住宿。该大楼在建成时是当时全球已建成的、最高的混合木结构建筑。

Brock Commons 大楼的独特之处在于采用了重型混合木结构体系：首层是现浇混凝土板柱结构，其上部的 17 层是重型板柱木结构，中部为 2 个现浇混凝土核心筒从底层贯穿至顶层。该项目使用了目前最为先进的工程木材料和建造技术，技术先进、安全经济、低碳环保，被当地政府授予示范工程称号。

1 工程简介

1.1 基本信息

（1）项目名称：Brock Commons 学生公寓
（2）项目地点：加拿大不列颠哥伦比亚省温哥华市不列颠哥伦比亚大学
（3）开发商：不列颠哥伦比亚大学学生住房和接待服务部
（4）建筑设计：Acton Ostry 建筑事务所
（5）结构设计：Fast＋Epp 结构工程事务所
（6）构件加工：Structurlam Products LP
（7）竣工时间：2017 年 9 月

1.2 项目概况

项目坐落于 UBC 大学温哥华主校区住宿区的核心位置。地块为一块长方形的坡地，面向 Walter Gage 路，毗邻 Gage 住宅楼和 North Parkade，项目为高年级学生的宿舍楼，设有单人间和四人间，所有房间配备厨房和浴室。公共服务设施布置在大楼首层，顶层为公共休闲用房。表 6.4 为该项目的基本信息。

Brock Commons 公寓基本情况表   表 6.4

高度	53m	层数	18 层
用地面积	2315m²	木材用量	2233m³
总面积	15120m²	学生床位	404 个
容积率	6.53	储存 CO_2	1753t
建筑占地面积	840m²	减少 CO_2 排放	679t

该项目是由 2013 年加拿大自然资源部（2013 National Resources Canada）支持的两个高层木结构示范项目之一，目的是促进加拿大木制品的设计和生产。项目的建设推动了工程木产品的生产和建造技术的创新，展示了 BIM 技术在构件制造、吊装以及施工上的应用。图 6.70～图 6.72 所为项目总平面图和实景。

图 6.70　UBC 校园总平面图

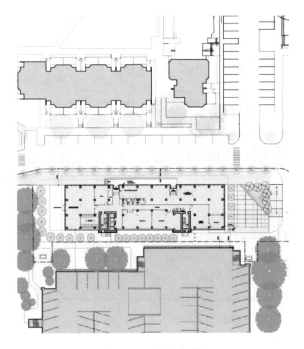

图 6.71　项目平面图

1.3　工程承包模式

项目采用平行分包的模式，主要参与单位如下：

1）项目团队

业主：UBC 学生住宿管理部

业主代表：UBC 基础设施开发部

图 6.72　项目实景

项目经理：UBC 物业信托

建筑公司：Acton Ostry Architects Inc.

高层木结构顾问：Architekten Hermann Kaufmann ZT GmbH

结构工程师：Fast ＋ Epp

机械、电气、消防工程师和 LEED 顾问：Stantec Ltd.

建筑规范和消防工程：GHL Consultants Ltd.

声学工程：RWDI AIR Inc.

建筑外围和建筑科学：RDH Building Science Inc.

土木工程：Kamps Engineering Ltd.

景观设计：Hapa Collaborative

建筑能耗模拟：EnerSys Analytics Inc.

虚拟设计和施工一体化公司：CadMakers Inc.

施工经理：Urban One Builders

调试顾问：Zenith Commissioning

2）施工团队

模板：Whitewater Concrete Ltd.

钢筋：LMS Reinforcing Steel Group

混凝土供应：Lafarge Canada Inc.

其他钢材：BarNone Metalworks Inc.

工程木：Structurlam Products LP

木结构搭建：Seagate Structures

板式外围系统：Centura Building Systems Ltd.

外围系统面板：Trespa & Bobrick

门、框架和五金：McGregor Thompson Hardware Ltd.

轻钢龙骨石膏板：Power Drywall

电梯：Richmond Elevator Maintenance Ltd.

暖通空调、管道系统和喷水灭火系统：Trotter & Morton Group of Companies

电气：Protect Installations Group

开挖回填：Hall Constructors

2 装配式建筑技术应用情况

2.1 建筑设计

1）立面设计

为了和学校整体的规划风格相符合，该建筑外立面的设计体现了更为国际化和现代化的特征。由于该项目在设计初期便充分考量了经济性，所以建筑设计上采用了"极简"设计语言，即通过最为简单的设计逻辑，尽量最大化地节约成本和减少施工时间。该项目的立面设计即是该理念的体现。

项目首层采用了玻璃幕墙外围护系统，并镶嵌彩色的玻璃装饰。2～18层的建筑外立面由预制墙板系统组成，该墙板系统由蓝色玻璃以及白色和碳化的饰面板组成。竖向装饰金属条为建筑立面效果提供视觉支撑。同时，外立面采用了70%木纤维的复合纤维板，让整栋建筑更具有"木色"。所有的胶合木结构构件都被防火石膏板包裹，但建筑师在首层玻璃幕墙的遮阳挑檐部分适当裸露了部分木质材料，以营造温暖亲和的氛围。在18层顶层有一个学生休息室，休息室所有的木结构构件都明露，起到了展示和教学的效果。立面效果图如图6.73所示。

图6.73 立面效果图

屋面采用了钢结构体系。主要外围护采用预制的原因是尽可能快速搭建，避免建设过程中因雨水侵蚀而使建筑物受损。此外，预制墙体中采用了高性能的保温材料，节能效果较好。外围护颜色和外观与校园内其他学生住宿中心风格相似。

设计时共提出了四种外围护方案，在综合考虑了成本、重量、安装难易程度和整体性能后，最终选用了目前使用的、预装窗户的轻钢龙骨墙体系统。该墙体上下边缘的钢构件连接于楼板边缘的角钢上。单元墙体长 8m、高 2.81m，对应于两个开间和一层楼高。墙体的结构、窗户和防水组件为预制系统，隔气层、保温和内饰面则为现场安装。单元墙体立面、具体构造见图 6.74～图 6.76。

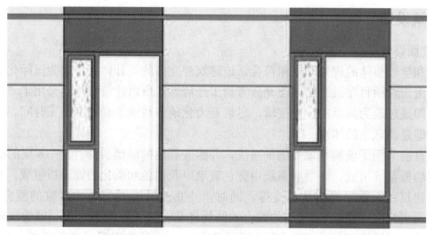

图 6.74　单元墙体立面

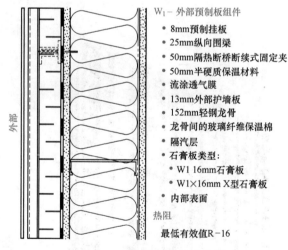

图 6.75　预制墙体构造示意图

2）平面布局

项目的平面布局吸收了其他学生宿舍楼的设计和管理经验。底层为公共服务设施，包括会议室、公共学习空间、管理部、洗衣房、储藏室、公共厨房和卫生间以及机械电气等设备用房。2 层到 17 层，每层设置 16 个单人间、2 个四人间，18 层有 1 个四人间和公共休闲用房。平面布局见图 6.77～图 6.80。

3）隔声

室内隔声设计主要包括减小楼板震动和减小声音传播两个方面。为此，项目采用了以

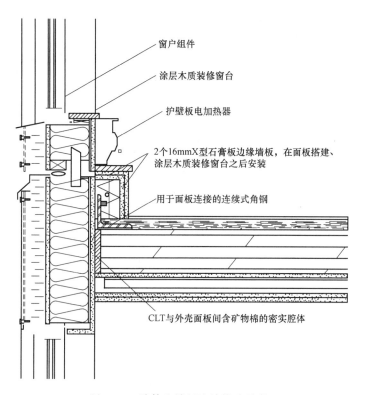

涂层木质装修窗台

护壁板电加热器

2个16mmX型石膏板边缘墙板，在面板搭建、涂层木质装修窗台之后安装

用于面板连接的连续式角钢

CLT与外壳面板间含矿物棉的密实腔体

图 6.76　墙体和楼板连接构造示意

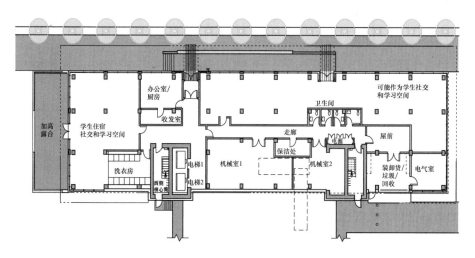

图 6.77　首层平面图

下隔声措施：①CLT 楼板上现浇 40mm 混凝土面层以增加楼板的重量和刚度；②在混凝土面层上铺地毯和弹性地板，以降低楼板表面硬度；③在 CLT 楼板和室内石膏板吊顶之间留出空腔以起到隔声作用；④单元间墙体内加吸声材料以吸收声音。

4）防火

防火设计是项目设计的关键内容之一。相关部门针对本项目制定了专门的防火安全规

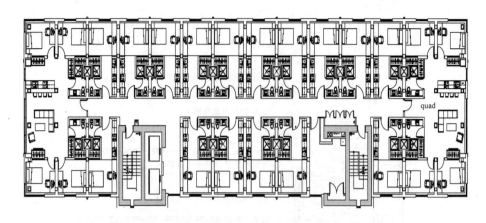

图 6.78 标准层（宿舍）平面图

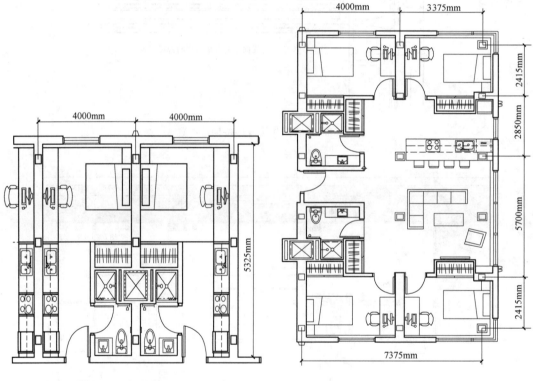

图 6.79 典型单人间

图 6.80 标准四人间

定，主要目标是要确保住户的健康和安全防护水平等同于、甚至优于加拿大不列颠哥伦比亚省建筑规范对同等规模不可燃（即混凝土）建筑的规定。为实现这个目标，设计采用了被动消防、主动火灾探测和扑救系统，并要求在施工期间采取严格措施避免火灾的威胁。

为了保证建筑物的安全，必须采取防火分隔措施，使之达到相应的建筑消防耐火等级要求。防火分隔措施旨在降低结构构件、楼板、承重墙着火后过早失去强度而崩塌的可能性，避免火灾时住户无法逃生、应急人员无法进入和火势蔓延到其他楼层的威胁。为了达到消防要求，项目设计采用被动和主动两种消防策略。

（1）被动消防策略

项目采用不可燃的混凝土结构作为底层和楼梯/电梯核心筒的结构，由此作为高楼层的出口。木结构构件（18 楼休闲室除外，安装自动喷淋系统）使用多层防火石膏板进行全封装包裹（图 6.81），耐火极限可以达到 2 小时。同时，楼层间做好防火封堵，使楼层间及所有竖井达到 2 小时耐火极限，住宅单元之间隔墙达到 2 小时耐火极限（BCBC 仅要求 1 小时耐火极限），单元和走廊之间的隔墙达到 1 小时耐火极限（图 6.82）。

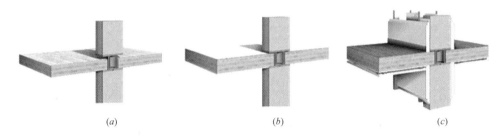

(a) (b) (c)

图 6.81 木构件防火封装示意图

(a) 含胶合层积材柱和钢接头的 CLT 楼板；(b) 施工期间部分完成的封装；(c) 完工

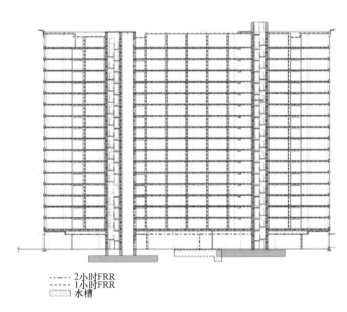

- - - - 2小时FRR
- - - - 1小时FRR
水槽

图 6.82 木构件耐火时间示意图

（2）主动消防策略

宿舍楼配置火灾自动警报系统和连接到城市供水的自动喷淋系统，配置 20m³ 消防水箱（二者均采用应急电源运行），储水可供喷淋使用 30 分钟，系统可靠性接近 100%。喷淋系统覆盖所有住宅单元，使用嵌入式喷头以防意外损坏。每层设置灭火器。

干式灭火系统安装在室外 CLT 顶棚之下。并配置人工监控、断电报警和喷水灭火系统，出现火情时，可直接将信号发送至温哥华消防部。

2.2 结构设计

1) 总体设计

项目采用重型木结构、钢筋混凝土和钢结构组合的混合结构体系。其中，建筑基础、底层结构以及核心筒（内含楼梯井、电梯和设备间）为现浇混凝土结构，2～18层为木结构，连接件和屋面结构采用钢结构。结构设计综合考虑了结构承载能力、木材耗用量、施工可行性、成本、产品可采购性、建筑设备布置便利性、沉降和收缩、制作和施工容差等因素。结构示意图如图 6.83 所示。

图 6.83 结构示意图

从结构受力角度上看，木结构部分只承受竖向荷载，而两个混凝土核心筒则承受了所有水平荷载。项目楼板采用 5 层胶合的 CLT 楼板，楼板水平放置与胶合木柱顶部的钢板连接。柱网尺寸为 2.85m×4m，该 CLT 楼板为各层垂直方向交错组胚胶合，受力性能与混凝土楼板相似。为了避免 CLT 板受到柱间竖向力的局部受压，上下层柱间由钢节点连接，以此直接传递柱内竖向荷载，CLT 楼板也直接连接于该钢节点。

（1）屋面结构：屋面结构采用金属屋面加钢梁的形式，由胶合木柱支撑，这样可以最大限度地减少屋面渗水的可能性。

（2）楼板结构：楼板由厚度为 169mm 的 CLT 板组成，长度有四种，最长为 12m，方向顺着建筑的纵轴，板块间并行安装，并通过扁钢拉条牢固连接，以传递横向荷载。楼板根据管线安装需求进行开孔、开槽。

楼面板和屋面板由 4×2.85m 间距的 GLT 和 PSL 柱网支撑。低楼层 GLT 柱截面为 265mm×265mm，高楼层为 265mm×215mm。PSL 柱截面尺寸为 215mm×265mm，用在第 2～5 层。

（3）混凝土核心筒：混凝土核心筒主要布置在楼梯间、电梯间和设备间，厚度为450mm，具有足够刚度，可承担风和地震产生的水平荷载作用。

（4）首层结构：考虑到首层结构需要较大空间放置各类设施和设备，且防火等级要求较高，同时需要承受二楼600mm厚混凝土转换板及上部木结构的重量，因此采用混凝土结构。

（5）基础：基础采用现浇混凝土独立基础，挡土墙下采用截面为300mm×600mm的条形基础。

2）结构构件主材

（1）正交胶合木楼板构件（CLT）

CLT面板是将3～9层木板材用胶粘剂或机械紧固件交错层压而得到，面板一般厚度为50～300mm、宽度1.2～3m、长度5～15m，通常用于承重楼板、墙和屋面，起横隔层或剪力墙的作用（图6.84）。管道和通风管的小型开口以及门窗开口等可在工厂预先切割或在施工现场切割。

（2）胶合木柱构件（GLT）

GLT直接从锯木厂购买，有三种树种组合：花旗松和落叶松、铁杉和冷杉、云杉和松木。主要应用在过梁、横梁、大梁、立柱、重型桁架。胶合木柱的应用情况见图6.85。

图6.84　CLT正交胶合木结构板示意图

图6.85　GLT胶合木柱示意图

（3）平行木片胶合木柱构件（PSL）

PSL是一种高强度工程木质材料，制作方法是将去除了缺陷的木材板条进行高压胶合而得。主要用于承载力要求较高的木柱、横梁和过梁（图6.86）。

图6.86　PSL胶合木柱

3）连接节点设计

该项目的混合结构特性决定其必须采用多种连接类型，包括木结构和底层混凝土及混凝土核心筒之间的连接、木结构构件之间连接、木结构和屋面钢结构之间的连接等。

此外，项目的连接设计还需考虑多种因素，包括：①结构竖向荷载的有效传递；②剪力墙内横向荷载的承受与传递、横向荷载从楼板到核心筒的有效传递；③尽量减少结构振动；④考虑木柱与混凝土核心筒之间的沉降差；⑤考虑潮湿和承重引起的木材蠕变和收缩；⑥制作和安装的误差、木材产品的差异；⑦是否施工方便、安装速度如何；⑧是否有渗水或其他潜在危害；⑨连接性能的长期监控。

木柱与屋面钢结构的连接方式类似于层间木柱的连接方式，屋面钢梁焊接到锚固在胶合木柱顶部的钢连接件上。钢连接的高度根据钢结构屋面的坡度进行调整。连接示意图如图6.87所示。

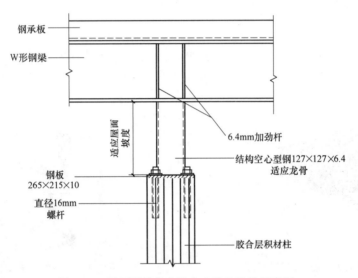

图6.87 屋面钢结构和胶合木柱的连接示意图

上、下层胶合木柱与CLT面板通过圆形空心钢（HSS）进行连接。具体做法为：先将钢板用四根螺杆连接到柱顶和柱底，再将HSS紧固到钢板上，螺杆与木柱之间用环氧树脂进行粘合。柱底较小的HSS套于下方柱顶部较大的HSS上。这种连接方式仅通过柱子直接传递竖向荷载，见图6.88。

下部混凝土板与上部木柱之间的连接类似于上述柱之间的连接方式。不同的是，此处钢连接件底板采用锚栓方式与混凝土板连接（图6.89）。

CLT楼板则通过宽度为100mm的钢拉条与混凝土核心筒进行连接，从而将水平荷载传递到核心筒。连接细部如图6.90~图6.92所示。

2.3 设备管线系统技术应用

本项目的设备管线工程包括暖通工程、给水排水工程、电气工程以及消防工程。布置上需要考虑下面几个因素：①管线尽量集中布置，以减少在CLT面板上开孔；②所有系统的布线路径考虑建筑的净高，并进行预先设计；③考虑建筑变形缝和伸缩缝的位置及混凝土核心筒和木结构之间的不均匀沉降；④预设发生漏水时，排除室内积水的措施。

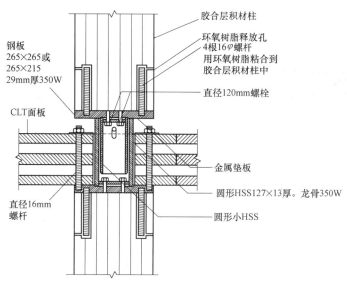

钢板
265×265或
265×215
29mm厚350W

CLT面板

直径16mm
螺杆

胶合层积材柱

环氧树脂释放孔
4根16∅螺杆
用环氧树脂粘合到
胶合层积材柱中

直径120mm螺栓

金属垫板

圆形HSS127×13厚。龙骨350W

圆形小HSS

图 6.88　上下层木柱之间、CLT 楼板与木柱的连接示意图

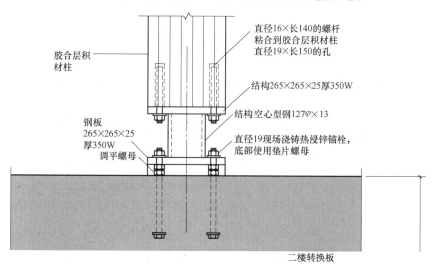

胶合层积
材柱

钢板
265×265×25
厚350W
调平螺母

直径16×长140的螺杆
粘合到胶合层积材柱
直径19×长150的孔

结构265×265×25厚350W

结构空心型钢127∅×13

直径19现场浇铸热浸锌锚栓，
底部使用垫片螺母

二楼转换板

图 6.89　木柱与底部混凝土板的连接示意图

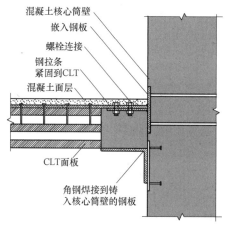

混凝土核心筒壁

嵌入钢板

螺栓连接

钢拉条
紧固到CLT

混凝土面层

CLT面板

角钢焊接到铸
入核心筒壁的钢板

图 6.90　钢拉条与混凝土核心筒连接细部构造示意图

图 6.91 钢拉条与混凝土核心筒
连接节点照片

图 6.92 CLT 楼板通过角钢与混凝土
核心筒的连接节点照片

1) 空调与新风

项目空调系统包括新风以及楼梯间加压送风系统。项目采用柔性通风管，紧贴 18 层楼面板安装，并通过竖向井道输送至各层。公共区域的供暖及热水由大学能源中心统一供给，宿舍使用踢脚线取暖器供暖。另外，厨房内使用活性炭净化空气，无需安装穿透外墙的排气管。管线布置如图 6.93、图 6.94 所示。

图 6.93 标准层管线布置示意图

2) 给水排水工程

核心筒内的立管为各层的总管，吊装于各层 CLT 板下的管道为该层的分管。为减少沉降变形对管线造成的影响，管线接头均采用编织不锈钢软管、膨胀节以及伸缩缝作为连接措施。生活用水管道使用 PEX 管。每四层安装一套生活污水和雨水的伸顶通气管。为减少积水的风险，在每个套间内增设地漏，并且在醒目位置安装断水阀以便在水管破裂时能及时关闭进水。给水排水布置如图 6.95 所示。

3) 电气工程

电气系统包括配电、通信网络、数据网络、火灾探测和报警、照明以及应急电源。布线从中央控制室分线至每层的配电柜和配电盘，然后横向送电至各个宿舍单元。同时还配有应急电源，通过外部应急发电机提供电能，供应电梯、应急照明、火灾报警、喷淋以及逃生系统。

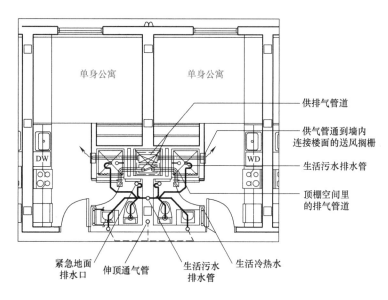

图 6.94 标准套间管线布置示意图

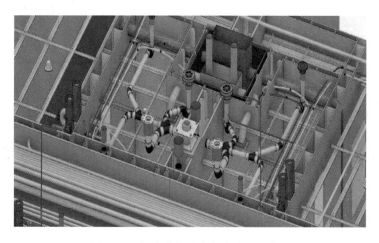

图 6.95 标准套间给水排水布置示意图

火灾报警系统由温度探测、烟雾探测、手动报警按钮、声讯设备和连接消防部门的应答机组成，可定位火情发生的地点。CACF/报警器控制面板安装在大楼主入口。主通信设备间如图 6.96 所示。

2.4 装饰装修系统技术应用

大堂和顶层的自习室木构件明露，以体现木构件的天然性。大堂使用间隔的木条以减少回音，高等级无结疤的木材使整个室内环境更加干净明亮，公共区域内装效果图如图 6.97、图 6.98 所示。为了加快消防审批，项目其他木质构件全部采用防火石膏板进行包覆。所有空间基本都做了吊顶，以方便管线的安装和布置。学生宿舍单间采用比较简单的设计和家具配置。

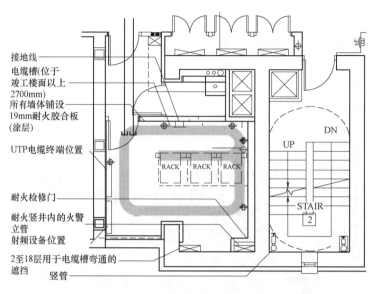

接地线

电缆槽(位于
竣工楼面以上
2700mm)

所有墙体铺设
19mm耐火胶合板
(涂层)

UTP电缆终端位置

耐火检修门

耐火竖井内的火警
立管
射频设备位置

2至18层用于电缆槽弯通的
遮挡

竖管

DN

UP

STAIR
2

RACK RACK RACK

图 6.96　主通信设备间平面图

图 6.97　公共区域内装效果图

图 6.98　公共区域内装效果图

2.5　信息化技术应用

项目在整个设计阶段采用了综合三维虚拟信息化模型（BIM）。该模型包括各专业的设计信息、建筑构件信息和设备系统信息，制作。主要用于可视化、多学科协调、防碰撞检查、工料预算、四维规划和排序、施工可行性审核和数字化预制加工的工作。

1）可视化设计

在设计阶段，模型可以将各设计方案进行可视化呈现，以辅助设计决策。

2）多专业协调

在更新设计和变更模型的过程中，记录所有存在的问题，然后反馈给设计团队，以便有效地进行多学科和专业之间的协调。BIM模型如图6.99所示。

3）碰撞检查

该模型可用于管道定位和确定井道的开洞位置，以保证空间净高满足设计要求，发现并解决构件安装位置的碰撞问题，碰撞检查模型如图6.100所示。

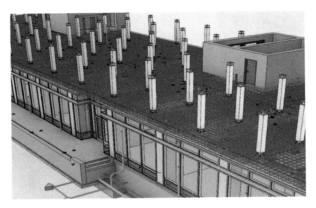

图 6.99 施工模拟及多专业协调

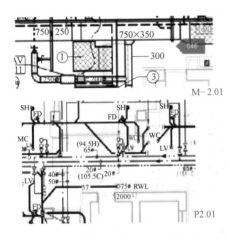

图 6.100 碰撞检查模型

4）材料预算

在方案设计阶段，通过 BIM 技术模拟各种结构设计方案，直接提取材料统计表，匡算建材用量，进而估算材料成本，为方案优选和安排施工组织计划提供帮助。材料统计模型如图 6.101 所示。

5）四维规划和施工组织

在设计建模的过程中，BIM 模型建立了包括建造次序的四维建筑模拟。通过施工模拟分析，可清楚看到项目建造的真实过程，并且能够充分预测施工环节可能造成的工期延误。施工组织计划模型如图 6.102 所示。

6）施工可行性审核

BIM 模型用于现场施工人员的沟通，提早预知后期施工中可能出现的问题，减少延误工期的可能性。同时 BIM 模型帮助竞标公司在投

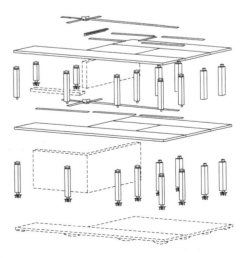

图 6.101 材料统计模型示意图

图 6.102　施工组织计划模型示意图

标之前更好地了解项目，减少由于不确定因素而导致的报价偏高的现象发生。可视化三维建筑模型细节示意图如图 6.103 所示。

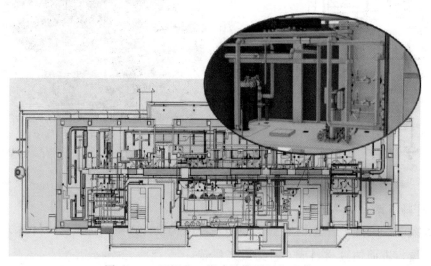

图 6.103　可视化三维建筑模型细节示意图

7）数字化加工

BIM 模型的数据可以直接导入木构件楼板、柱以及钢连接件的生产设备中，方便构件进行自动化加工。

3　构件加工、安装施工技术应用情况

3.1　构件加工制作与运输过程

该项目使用的胶合木和 CLT 都是定制化的工程木产品，根据设计，这些构件在工厂进行预制加工。

CLT 板的层板为 5 层，厚 169mm，表板采用机械分等的 SPF 杉木锯材，内部三层层

板采用一级和二级 SPF 杉木锯材。CLT 板的尺寸规格分别是 2.85m×6m、2.85m×8m、2.85m×10m 以及 2.85m×12m。现场加工图如图 6.104、图 6.105 所示。

图 6.104　CLT 楼板工厂打孔实景

图 6.105　胶合木柱粘贴施工编号

　　CLT 加工生产流程包含：规格材的选择及分类、胶粘剂的应用、规格材的排列和加压、切割、标记和包装等关键步骤。质量控制的重点在于木材质量的一致性和胶粘剂质量的参数控制。另外，工厂内严格的质量控制及测试是确保最终产品符合最终应用要求的保障。

　　每个木构件在工厂加工完成后，都会形成一个独立的编码。施工单位可以通过这个编码查询该构件的各类信息和要安装的位置。为缩短建造工期，加工好的构件直接运输至项目现场进行吊装，跳过了堆放和二次吊装的环节。因此，预制构件的运输在设计环节时就要加以考虑，单个构件的最大尺寸需满足运输条件的限制，构件要按照固定的叠放次序装车，以对应项目现场的吊装次序。构件编号及运输安排示意如图 6.106 所示。

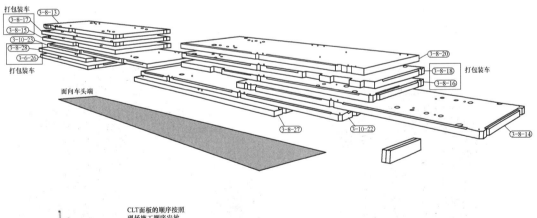

图 6.106　构件编号及运输安排示意图

3.2 装配施工组织与质量控制

图 6.107 项目施工各阶段现场照片

1) 施工前的规划

为保证施工的顺利进行，在开始施工前，项目方进行了周密的规划安排，解决了高层木结构—混凝土混合结构建筑建造过程可能遇到的一些技术难题（图 6.108、图 6.109）

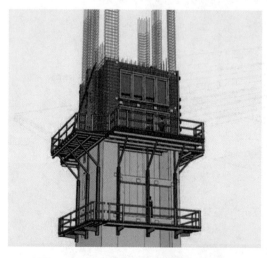

图 6.108 混凝土核心筒虚拟三维模型

图 6.109 混凝土核心筒施工现场照片

2) 施工进度安排

项目开工前，提前进行相关建材、构件及施工设备的采购和加工，并按照施工进度安排要求确保所需库存，完成木构件和外围护墙板的预制。为避免现场木构件长期暴露在潮湿或雨水环境中，施工要求木结构部分的安装要在温哥华干燥少雨的 6、7、8 月内完工，这同时可尽量减少因天气原因造成的停工。同时，每层主体结构完成后即进行同层外围护结构的吊装，围护结构与主体结构同步搭建，确保了各层主体结构施工的湿度可控。

3）施工防水管理

木结构防水是施工过程中的重点之一。因此，项目施工选择在较为干燥的夏季进行，同时采取了下列防水措施：①在构件表面涂刷防水层，以减少水分的渗入；②CLT 楼板上部浇筑混凝土面层时采取"放坡"措施进行排水；③在木构件外封装石膏板前，对其进行含水率检测，以确保其满足要求。④在气候潮湿时，采取覆盖防雨布或塑料薄膜等临时防水措施；⑤各层主体结构搭建完成后，随即安装该层的预制外墙挂板；⑥施工现场设置流水感应器，在检测到现场有积水时感应器自动关闭进水阀门；⑦施工人员在进场前进行施工现场防水知识培训。

4）施工防火管理

项目施工过程加强防火控制：①现场作业人员提前接受火灾预防和救灾培训；②对各承包商要求持有动火作业许可证，消防监督员站岗监督；③使用临时供暖时，避免明火热源；④消防竖管安装在不低于施工楼层以下 4 层的位置，并配置临时分叉接头，供消防部门使用；⑤暴露在空气中、未采取保护措施的木结构不得连续超过 4 层；⑥尽量避免和减少焊接工作。

4　效益分析

4.1　成本效益

项目在成本效益方面的优势主要体现在：①简单的项目设计方案降低了节点造价，节省了材料开支；②简单、可复制的结构形态，降低了施工难度和材料成本；③实施 BIM 模拟技术实现了现场材料的零堆放，减少了仓储成本和现场管理成本。

4.2　用工分析

项目所有木结构构件和外围护墙体（包括立面和窗体部分）均在工厂进行预制加工，柱子和楼板的连接件也提前预埋在柱子端部，这大大节约了现场人工用量：根据工期安排，现场 10~20 人为一班，木结构施工人员仅 9 人，远低于相应混凝土结构项目的用工量。

4.3　用时分析

项目在消防设计上采用了比较保守的策略，这在很大程度上减少了项目审批方面的时间和工作。另外，在施工过程中，安装每根胶合木仅费时 5~10 分钟，安装每片 CLT 楼板仅费时 6~12 分钟，平均每周完工 2 层；安装预制外围护墙体时间平均每层费时 8 小时。因此该项目木结构及外围护部分的施工仅花费 2 个月的时间就顺利完成。

4.4　节能环保分析

1）节约能源

项目和校园的总能源系统联网，并且获得了 LEED 金牌认证，预计比同等使用功能的建筑能耗降低 25% 以上。

2）降低碳排放

项目大量采用木结构构件替代了约 2650m³ 的混凝土，相当于减少了约 500t CO_2 排放。

3）改善施工环境

良好的施工计划安排使得项目现场基本看不到建材堆放的场景，并最大限度地减少了建筑垃圾的产生。同时，采用"工厂预制，现场装配"的方式，不仅能够保证建筑的质量，而且减少了现场施工风险和对周边环境带来的影响。

4.5 社会效益

项目设计采用简单的设计理念，设计方法强调项目的整体性，而不是将其视为一组各自独立的建筑构件、体系或技术，较好实现了建筑的经济性、安全性和高效性。作为目前全球最高的木结构混合建筑，该项目的落成能够为中高层木结构的发展起到积极的推进作用，也将为后续的项目建设提供有益借鉴。

5 项目经验

项目建成时，作为当时全球最高的混合木结构建筑，其规划设计要求设计团队全心投入，并具备应对难以预测的新挑战和新问题的能力。三点重要的经验是：

（1）基于业主的立场坚持贯彻执行高层木结构建筑方案，这是工作成败的重要基础。

（2）所有团队成员拥有明确一致的项目目标，这确保了每位参与者能够就共同认可的同一个最佳建筑方案而努力。

（3）为项目设立重要的关键词指标，例如创新、全球领先、减少碳排放等目标。这样有助于为每个团队设立一个共同目标，形成共同的合力，并进一步加强团队间协作的顺畅性。

另外，项目在进行建筑和结构设计时，需要满足规范审批要求，并考虑施工可行性以及建筑性能的要求。这意味着，在项目设计阶段需要将建筑设计与施工阶段的详细规划相结合，具体经验包括：

（1）将项目视为一个综合的设计过程，加强各部门间的强力协作。

（2）在设计阶段引入各个供应商参与设计，并对施工可行性、施工协调、成本和进度安排、材料采购等问题提出意见和设想。

（3）实施建筑预制最大化战略，精简施工流程。

【专家点评】

近年来，以 CLT（正交胶合木）为主要材料的高层木结构建筑成为建筑领域挑战的热点，自 2010 年以来，全世界范围内已经有 10 余座木结构高层建筑相继落成。2016 年在挪威卑尔根建成的 14 层、51m 高的 TREET 大厦刚刚创造了木结构建筑高度的世界纪录，只一年时间就被 2017 年 9 月投入使用的这座 18 层的 BLOCK COMMONS 公寓所取代。而在欧洲、北美和澳洲很多国家都有着更高木结构建筑计划即将投入建造，相信这一记录又将很快被超越。当前已建成的每一座高层木建筑都具有相当的实验性和示范性，最新、最高的建筑更是如此，包含了众多突破性的理念和创新性的技术，值得业界去研究和学习，不但利于高层木结构建筑技术得到更加广泛的推广，也有助于包括技术人员、建设者和大众们对高层木建筑更深刻的理解。

加拿大不列颠哥伦比亚大学的 Brock Commons 学生公寓是一个在很多方面具有突破性技术创新的建筑，案例全面细致介绍了项目设计和建造过程的特点与难点，尤其在以下三个方面值得我们特别关注：

一是该建筑装配化技术的应用。适合工厂化生产和装配化建造是木建筑最主要的优势之一，BLOCK COMMONS 公寓的装配化技术更加成熟。一方面得益于在此方面的精心设计，比如更高程度的工厂化加工、合理的构件标准化体系、精简的构件类型（楼板、外墙等）、适合运输的构件尺寸（宽度 2.81m，符合公路运输条件）等；另一方面更是得益于一些创新技术的运用，比如柱子的安装构造采用套筒的方式非常快捷简便、楼板之间的连接也采用了最简单高效的木块连接体嵌入的方式等。据现场介绍，施工过程中由于安装非常简单，材料的运输无法跟上安装的进度，常常导致安装工人在现场无事可做。

二是该建筑在结构和空间方面的突破。在这座建筑之前建成的高层木建筑主要采用剪力墙结构体系，以保证 CLT 为主要材料的结构稳定性。由于材料和结构体系的限制，导致空间相对狭小、封闭，空间改造也受到限制。从建筑学角度而言，这是此类建筑空间的一项弊端。而 BLOCK COMMONS 公寓由于采用依靠核心筒抵抗水平荷载的做法，实现了用柱子承受竖向荷载的设计，这种结构体系大大增强了空间改造的灵活性，也为实现空间的开放性提供了可能，是高层木结构建筑的一项突破。

三是该建筑生态性的示范和研究意义。对建筑的生态评价一直具有难度，尤其是低碳与节能指标等客观数据的获取和不同建筑类型的对比分析相对难有说服力的研究。由于加拿大不列颠哥伦比亚大学在相同区域已经建造了与这座木结构建筑几乎完全相同的钢筋混凝土结构公寓，旨在为更有说服力的建筑对比研究提供条件，因此使这座建筑具有了非常突出的研究价值，相关的生态型研究课题已经在该大学研究机构展开。经过一定使用周期数据采集后的对比研究，将可靠地证明高层木结构建筑的生态特点与优势程度。

由于造价和工程进度等原因的限制，BLOCK COMMONS 公寓也留下了一些没能突破的遗憾，比如受制于防火的要求，在外部形象，尤其是内部空间中无法真实展现木建筑的结构、构造和材料特征，只有顶层一间活动室暴露了木材料，导致木结构建筑的特征感不强，也埋没了木材巨大的表现优势。重型木结构是可以依靠燃烧碳化层实现防火的，因此，在理论上内部空间展示木材的视觉属性是有可能的，但是需要大量的实验研究和论证。希望在今后能够有高层作品实现这方面的突破。以现在木结构高层建筑技术的发展速度来看，相信不止于此，还会有更多的技术突破能够快速实现。

（徐洪澎：哈尔滨工业大学，教授，博士生导师）

案例编写人：

姓名：陶亮

单位名称：加拿大木业协会

职务或职称：市场传讯总监